工业设计专业系列教材

设计心理学

田 蕴 张蓓蓓 编著

电子工业出版社
Publishing House of Electronics Industry
北京·BEIJING

内 容 简 介

"设计心理学"是设计类专业课程中的一门理论基础课。本书围绕心理学在设计中的应用展开,全书分为8章,第1、2章在对设计心理学进行简要介绍的基础上,从市场的角度,介绍了消费者心理学的内容,包括消费需要、消费动机、消费者决策及市场需求分析等;第3章从用户使用角度,在介绍感觉、知觉、注意、认知、思维等概念的基础上,阐述了知觉过程、用户模型、用户出错及产品界面设计等理论体系;第4、5章是关于设计审美心理及创造性思维的内容;第6章是设计与情感化,在结合设计情感要素的基础上分析了情感化设计及其方法;第7章是交互设计与心理体验;第8章是设计案例,这些设计案例从不同侧面体现了设计心理学在产品中的应用,可以给读者以启迪。

本书适合工业设计专业和艺术设计、园林设计及广告设计专业的本科生和研究生使用,也可供相关专业的教师、研究人员和设计人员参考。

未经许可,不得以任何方式复制或抄袭本书之部分或全部内容。
版权所有,侵权必究。

图书在版编目(CIP)数据

设计心理学 / 田蕴,张蓓蓓编著. — 北京:电子工业出版社,2020.6
ISBN 978-7-121-38610-7

Ⅰ.①设… Ⅱ.①田… ②张… Ⅲ.①工业设计–应用心理学 Ⅳ.①TB47-05

中国版本图书馆CIP数据核字(2020)第034481号

策划编辑:赵玉山
责任编辑:刘真平
印　　刷:中国电影出版社印刷厂
装　　订:中国电影出版社印刷厂
出版发行:电子工业出版社
　　　　　北京市海淀区万寿路173信箱　邮编:100036
开　　本:787×1092　1/16　印张:13.25　字数:339.2千字
版　　次:2020年6月第1版
印　　次:2024年3月第6次印刷
定　　价:74.00元

凡所购买电子工业出版社图书有缺损问题,请向购买书店调换。若书店售缺,请与本社发行部联系,联系及邮购电话:(010)88254888,88258888。
质量投诉请发邮件至 zlts@phei.com.cn,盗版侵权举报请发邮件至 dbqq@phei.com.cn。
本书咨询联系方式:(010)88254556,zhaoys@phei.com.cn。

前　言

随着我国经济与教育事业的稳步发展，工业设计作为一门新兴学科也得到了快速发展。其研究方向也从对工业设计定义的理解走向了对设计理念和设计思想的探讨。在此形势下，设计心理学作为设计学科的一门基础性理论学科，其基础核心知识与理论也随着设计人员的重视而不断提高。

现阶段，我国设计心理学还处在基础发展阶段，其学科的内容体系还没有完全建立起来。面对不同的专业，其具体内容往往差别比较大。在本书的编写中，我们努力使其内容全面，从而搭建起一个较完善的设计心理学体系。本书具有以下特点。

1. 涵盖范围广，内容全面。从市场、用户、设计师及工学各个角度进行分析。

2. 示例丰富、图文并茂。用大量的设计实例来分析说明，易于理解。

3. 注重实用性。在保证理论系统性的同时，注重给设计师以实际的启迪。

4. 注重示例的前沿性与创新性。帮助设计师提高创新意识及创新能力。

本书综合了编著者的教学体会，参阅心理学、美学、工学等资料编写而成，具体内容包含以下几个方面。第1、2章在对设计心理学进行简要介绍的基础上，从市场的角度，介绍了消费者心理学的内容，包括消费需要、消费动机、消费者决策及市场需求分析等；第3章从用户使用角度，在介绍感觉、知觉、注意、认知、思维等概念的基础上，阐述了知觉过程、用户模型、用户出错及产品界面设计等理论体系，这部分内容也是本书的重点内容；第4、5章是关于设计审美心理及创造性思维的内容；第6章是设计与情感化，在结合设计情感要素的基础上分析了情感化设计及其方法；第7章是交互设计与心理体验；第8章是设计案例，希望通过综合实例给读者以启迪。

本书第1章、第3～5章、第7章、第8章由田蕴编写，第2章、第6章由张蓓蓓编写，全书由田蕴统稿。另外，感谢毛斌老师提供的情感化设计资料，感谢仇道滨老师提供的相关资料，并对本书所用图片或资料的原作者一并表示感谢。

本书适合工业设计专业和艺术设计、园林设计及广告设计专业的本科生和研究生使用，也可供相关专业的教师、研究人员和设计人员参考。

限于水平和时间关系，书中不足之处在所难免，恳请广大师生、读者批评指正。

编著者

2020年1月

目 录

第1章 设计基本理论 001

1.1 设计心理学的界定 001
1.2 设计心理学的研究对象和内容 003
- 1.2.1 设计心理学的研究对象 003
- 1.2.2 设计心理学的研究内容 004

1.3 设计心理学的研究意义 004
- 1.3.1 设计心理学是培养优秀设计师的需要 005
- 1.3.2 设计心理学是产生"好的设计"的需要 006
- 1.3.3 设计心理学是"不断发展的设计"的需要 006

1.4 设计心理学的形成与发展 007
- 1.4.1 心理学的形成与发展 007
- 1.4.2 不同学派心理学的发展 008
- 1.4.3 设计心理学的发展历程 010

1.5 设计心理学的研究方法 012
- 1.5.1 观察法 012
- 1.5.2 访谈法 013
- 1.5.3 问卷法 014
- 1.5.4 投射法 015
- 1.5.5 实验法 016

复习思考题 017

第 2 章
消费者心理与设计 018

2.1 消费需要与设计 018
- 2.1.1 需要的概念 019
- 2.1.2 马斯洛需要层次论 020
- 2.1.3 消费需要的内容 021
- 2.1.4 产品设计与消费者需求分析 023

2.2 消费动机与设计 025
- 2.2.1 消费动机 025
- 2.2.2 消费动机的特性 026
- 2.2.3 消费动机的类型 028
- 2.2.4 消费动机的阻力 029

2.3 消费者决策与消费购买行为 030
- 2.3.1 消费者决策的概念 030
- 2.3.2 消费者决策理论 031
- 2.3.3 消费者的购买决策分析 033
- 2.3.4 有利于购买行为产生的促销策略 035

2.4 市场细分下的心理分析与产品设计 038
- 2.4.1 市场细分 038
- 2.4.2 不同性别的消费者心理与产品设计 040
- 2.4.3 不同年龄的消费者心理与产品设计 043

复习思考题 048

第 3 章
设计基本理论 049

3.1 感觉系统 049
- 3.1.1 感觉的概念 050
- 3.1.2 五种感觉系统 050
- 3.1.3 感觉与交互设计 055

3.2 知觉过程与设计 058
- 3.2.1 知觉的概念与知觉规律 058
- 3.2.2 产品操作过程中的知觉与知觉特性 061
- 3.2.3 行动及行动类型 065
- 3.2.4 易用性产品设计 066

3.3 用户的认知与设计 067
- 3.3.1 注意 067
- 3.3.2 记忆 068
- 3.3.3 思维 069
- 3.3.4 产品界面设计 072

3.4 用户模型 077
- 3.4.1 有关用户的概念 077
- 3.4.2 用户的价值观与需求 079
- 3.4.3 设计调查 080
- 3.4.4 用户模型 084

3.5 用户出错 086
- 3.5.1 三种概念模型 087
- 3.5.2 用户出错的类型 088
- 3.5.3 设计引起的用户出错 090
- 3.5.4 避免设计出错的设计原则 091

复习思考题 095

第4章
审美心理与设计 096

4.1 设计的审美心理 096
- 4.1.1 美的本质和特征 096
- 4.1.2 设计与审美 098
- 4.1.3 设计审美的心理过程 100

4.2 产品设计中美的体现 102
- 4.2.1 产品的形式之美 102
- 4.2.2 产品的体验之美 106
- 4.2.3 产品的和谐之美 107

4.3 中国传统文化与审美心理 108
- 4.3.1 中国传统文化背景下的美 108
- 4.3.2 中国文化与产品设计 110
- 4.3.3 中西方审美差异 111

4.4 设计师的审美与设计 112
- 4.4.1 设计师的个性与天赋 113
- 4.4.2 设计师的审美心理 114
- 4.4.3 设计师的认知与设计审美 114
- 4.4.4 个性满足设计审美 115

复习思考题 116

第 5 章
创造性思维与设计 117

5.1 创造力和创造性思维 118
- 5.1.1 创造力和创造性思维的概念 118
- 5.1.2 创造性思维的分类 118
- 5.1.3 思维的基本形式 119
- 5.1.4 两类不同创造性活动的思维过程及特点 121

5.2 创造性思维的心理模型 124
- 5.2.1 沃拉斯的"四阶段模型" 124
- 5.2.2 刘奎林的"潜意识推论" 125
- 5.2.3 吉尔福特的"发散思维" 126
- 5.2.4 何克抗的"创造性思维模型" 127

5.3 激发创意的方法 128
- 5.3.1 头脑风暴法 128
- 5.3.2 联想法 130
- 5.3.3 组合创新法 132
- 5.3.4 逆向异想法 134
- 5.3.5 5W2H 法 134

5.4 创造性思维在设计中的应用 135
- 5.4.1 产品创新的类型 136
- 5.4.2 技术创新与产品创新设计 136
- 5.4.3 组合创造思维与产品创新设计 138
- 5.4.4 逆向性思维下的产品创新设计 140
- 5.4.5 创新思维下的绿色设计 142
- 5.4.6 创新思维下的情感化设计 143

复习思考题 145

第 6 章
设计与情感化 146

6.1 情感化设计概述 146
- 6.1.1 什么是情感化设计 147
- 6.1.2 对情感化设计的理解 147

6.2 产品造型与情感化设计 148
- 6.2.1 产品造型的概念 149
- 6.2.2 造型与情感 149
- 6.2.3 情感体验的心理机制 151
- 6.2.4 造型要素的情感体验 152

6.3 材料与情感化设计 156
- 6.3.1 材料的象征意义 157
- 6.3.2 材料的自然情结 158
- 6.3.3 材料的情感体验 159
- 6.3.4 不同材料的心理特征 160

6.4 使用与情感化设计 166
- 6.4.1 情感化使用过程中的三个阶段 166
- 6.4.2 情感化设计目标 166
- 6.4.3 情感化设计实现的方法 169

复习思考题 173

第 7 章
交互设计与心理体验 174

7.1 交互设计概述 174
- 7.1.1 交互设计的概念 174
- 7.1.2 交互系统 175
- 7.1.3 交互设计的目标 176
- 7.1.4 交互设计的过程 177

7.2 交互与心理体验 178
- 7.2.1 交互方式与心理体验 178
- 7.2.2 交互过程与心理体验 181

7.3 用户的心理体验分析 182
- 7.3.1 基于感官的用户体验 183
- 7.3.2 基于操作行为的用户体验 184
- 7.3.3 基于经历的用户体验 185

7.4 情感体验层次与心理 185
- 7.4.1 本能层次的体验与心理 186
- 7.4.2 行为层次的体验与心理 187
- 7.4.3 反思层次的体验与心理 187

复习思考题 188

第 8 章
设计案例 189
参考文献 200

第1章 设计基本理论

本章重点

- 设计心理学的研究对象和内容
- 设计心理学的研究意义
- 设计心理学的形成与发展
- 设计心理学的研究方法

学习目的

- 通过本章的学习，了解设计心理学的研究对象和内容；了解心理学的不同分支；掌握设计心理学的不同研究方法，为进行设计心理学的研究打下一个良好的基础。

设计过程是创造的过程。日文在翻译"design"时除了使用"设计"这个词以外，也曾用"意匠""图案""构成""造形"等汉字所组成的词来表示。原研哉在《设计中的设计》中说"设计就是通过创造与交流来认识我们生活在其中的世界。好的认识和发现，会让我们感到喜悦和骄傲。"如果说生活中的设计概念有一个具体的物态来体现，那么专业概念的设计从纵深上来说，其来源于人的需求，通过一定的载体，最终服务于人。在这个过程中，人的因素是最关键的。而人的需求、人的感知、对物体的认知及物体给人带来的愉悦感及满足，都是人心理的一种特征或者过程。因而通过研究设计心理学的知识，并将其应用到设计中，设计出符合人们需求、易于使用、给人们带来愉悦感的产品是设计心理学的核心和关键。

1.1 设计心理学的界定

设计心理学中的设计一般意义上指的是工业设计（Industrial Design）。从广义上来说，工业设计是现代的视觉传达设计、产品设计、环境设计的统称。从狭义上来说，工业设计是产品设计,在我国也曾被称为工业美术设计、产品造型设计等。1980年,国际工业设计协会(ICSID)给工业设计做了如下的定义:"就批量生产的工业产品而言,凭借训练、技术知识、经验及视觉感受,而赋予材料、结构、构造、形态、色彩、表面加工、装饰以新的品质和规格,叫作工业设计。根据当时的具体情况,工业设计师应当在上述工业产品全部侧面或其中几个方面进行工作,而且,当需要工业设计师对包装、宣传、展示、市场开发等问题的解决付出自己的技术知识和经验以及视觉评价能力时,这也属于工业设计的范畴。"该定义对工业设计的过程、范围、本质做了界定。2006年,ICSID对工业设计的新定义为:"设计是一种创造性的活动,其目的是为物品、过程、服务以及它们在整个生命周期中构成的系统建立起多方面的品质。"因此,设计既是创新技术人性化的重要因素,也是经济文化交流的关键因素。在新的定义中,淡化了工业设计的具体载体形式,强调了创造性和人的因素,说明工业设计中人性化越来越受到重视。心理学是研究人的心理特征和心理过程的一门学科。设计心理学是工业设计与心理学交叉形成的一门学科,也可以理解为心理学在设计中的应用。

国内许多学者也对设计心理学进行了定义。最早的一本设计心理学书籍是李彬彬编写的。她指出:"设计心理学是研究在工业设计活动中,如何把握消费者心理,遵循消费行为规律,设计适销对路的产品,最终提升消费者满意度的一门学科。"李乐山则从创新设计的角度出发,认为研究设计心理学最大的目的就是设计者以社会心理学和心理学为依据,运用适当的设计调查方法来了解用户需求,并用心理学的思维方式,建立设计需要的用户模型,建立人与物的关系,最终解决的是人机界面的问题。青年学者柳沙认为设计心理学是研究设计艺术领域中的设计主体和客体(消费者和用户)的心理现象,以及影响心理现象的各个相关因素的一门学科。

以上不同的定义从不同角度阐述了设计心理学。李彬彬更倾向于从市场的角度,以消费者的心理特征作为研究重点。而李乐山则从用户使用角度,以解决实际设计问题作为出发点。在此,我们综合一下以上观点,认为设计心理学是研究产品创造过程中的心理现象的一门学科,主要目的是设计主体(设计者)运用心理学的知识和分析方法来满足设计客体(消费者或用户)的心理需求,包括设计中对人的认知、情感和个性的表现及相关因素的研究。要解决的是工业设计中为满足人的心理而做的人机界面的问题,也就是研究怎样解决人与物、人与人及人与环境和谐统一的问题。

设计心理学是工业设计学科的重要理论基础。其根本的出发点是以人为本。以人为本就意味着设计中要充分考虑人的心理及生理特征、人的认知过程、人的情感过程、人的个性等方面。从心理学的学派上来看,社会心理学、动机心理学、认知心理学、情绪心理学、工程心理学、经济心理学、管理心理学、市场心理学都与工业设计有着密切的关系。也就是说,设计心理学是这些学派中相关心理知识的一个融合。

1.2 设计心理学的研究对象和内容

设计心理学是心理学的一个分支，属于应用心理学范畴。其研究对象是在心理学研究对象的基础上，研究产品设计及产品使用过程中相关的人的心理。其研究内容涵盖此过程中所涉及的各方面心理学的知识。

1.2.1 设计心理学的研究对象

在进行产品的创造过程中，人的因素包括两方面，一方面是设计者，另一方面是消费者或使用者。在产品进入市场阶段时，会有许多因素影响这个产品的销售，其中包含社会、政治、经济、文化的影响，当然更多的是消费者心理需要、动机及态度的影响。产品进入使用阶段的时候，人使用产品过程中会出现多种心理现象，具体包括认知过程、情感过程、人所表现的个性心理特征等。产品的一些造型是为适应人的心理认知及情感过程而设计的具体形态结构，是把消费者或使用者的心理需求物化的具体体现。围绕着人，可以把设计心理学研究的对象分为设计主体的心理及设计客体的心理。

1. 设计主体的心理

设计中的主体是设计师，设计师的心理是设计心理学研究的对象之一。设计师是具有主观意识、自主思维和情感的个体。设计师对产品的设计是通过其思维方式对设计的专业知识进行的综合运用。不同的设计师因其思维方式不同，设计得到的产品完全不同。好的设计一定是创造性思维起作用的结果。要想有好的设计，设计师首先要分析自己思维的特点，然后运用心理学的知识，有意识培养自己的思维方式，开发自己的创造潜能。

通过学习心理学的基础知识，设计师可以更好地协调人与人之间的关系，提高其与用户及消费者之间的沟通能力。这样设计师就能够以良好的心态和融洽的人际关系投入设计，并能够敏锐感知产品的流行趋势、消费动态。

2. 设计客体的心理

在不同的环境和阶段，设计所服务的设计客体的概念侧重点有所不同。在市场概念下，购买产品或有可能购买产品的人，称为消费者。从市场的角度，消费者的心理是设计心理学的研究对象之一。消费者在消费过程中的心理现象，首先表现为消费者对产品的视觉、听觉、嗅觉、记忆、思考和对产品的好恶态度，从而引发消费者肯定和否定的情感，进而决定消费者是否产生购买决策和购买行为。对于同样的产品，这些心理现象在不同的消费者身上有着共性的规律，这组成消费者心理的一般性内容。消费者在消费过程中的心理现象还表现在消费者的个性心理上，具体表现为他们对产品的不同兴趣、需要、动机、态度、观念，引发不同的购买决策和购买行为。设计师可以通过分析影响消费者决策的各种心理因素，获取及运用这些有效的心理参数，设计出更加符合消费者心理需求的产品，从而使设计出的产品成为适销对路的畅销产品。

产品在销售以后，从市场进入家庭或其他场所，进入了产品的使用阶段。使用产品的人称为用户。研究用户心理是设计心理学的另一个重点内容。用户使用产品的过程是一个认知过程，这个过程中的感知、注意、记忆、思维等心理学方面的概念是设计心理学研究的对象之一。用户的知觉过程、思维过程也是研究的重点内容。因为一个好的产品应该是易于操作、被用户很快接受、操作简便的产品。要想做到这一点，设计师必须了解用户的知觉模式和思维模式，在设计的产品形态结构中提供有利于操作行动的条件，给予用户正确的引导。也就是说，设计师建立的产品设计模型应该与用户的心理模型一致。通过设计调查，对用户心理进行研究，建立符合用户心理的产品思维模型和任务模型，设计出易于使用、符合用户认知的好的产品。

心理活动是以生理为基础，在动力系统驱使下，由个性不同的人来完成的不同心理过程和行为的总和。心理活动是设计心理学的直接研究对象。心理活动的发生是由以下四个方面决定的。一是基础部分，包括生理基础和环境基础。生理基础是人的生理机能，是人产生心理现象的内在物质条件；环境基础是心理活动和行为产生的外在物质条件。二是动力系统，包括需要、动机和价值观念等，这是人的心理活动和相应行为的驱动机制。三是个性心理，包括人格和能力等，它是个体之间的差异性因素。四是心理过程，包括认知过程、情感过程、意志过程。认知过程包括感觉、知觉、记忆、想象、思维和言语等具体形式；情感过程对人的认知和行为起着调节和控制作用；意志过程是一个控制的过程。

1.2.2 设计心理学的研究内容

设计心理学作为应用心理学的一个新的分支，研究的是产品设计及产品使用过程中相关的人的心理。由于它是一门交叉性、边缘性、渗透性的学科，所以其涉及的内容十分广泛。它涉及普通心理学、工程心理学、社会心理学、经济心理学、管理心理学、市场心理学等应用心理学方面的知识，涉及艺术学、材料学、设计理论、美学、感性工学等工业设计方面的专业知识，也涉及一些有关设计理论和应用心理学的最新研究成果。

本书对设计心理学的主要研究内容进行了阐述，具体包括从市场角度研究消费者心理，从使用角度研究用户心理、人的审美心理、交互设计心理。另外，本书对与设计心理学密切相关的情感设计、创造性思维等内容也做了论述，并在本书的最后提供了一些典型的示例。

1.3 设计心理学的研究意义

设计心理学是工业设计专业的一门重要的理论基础课，是设计师必须掌握的学科之一。

设计师通过对设计心理学的学习，可以丰富自己的知识，开发自己的设计思维，设计出符合人们需要的好的设计。设计心理学从心理学的角度指导工业设计的理论和实践，具有重要的理论意义和现实意义。

1.3.1 设计心理学是培养优秀设计师的需要

虽然设计心理学研究的主要是人的心理现象，但却是以设计师的培养和发展为核心的，目的是通过对设计师进行心理和创造思维的训练，激发设计师的创造力，完善设计师的人格，丰富设计师的专业知识，使之成长为优秀的设计师。具体表现在以下几个方面。

1. 可以使设计师拓宽设计思路、增强创新思维能力

设计创造思维是产生创造性设计的前提。设计心理学的一个重要作用就是研究设计创新思维，为设计师进行创新性设计创造条件。人的思维在一定程度上是可以培养的。通过对人的顺向思维、逆向思维、纵向思维、横向思维、辐合思维、直觉思维和灵感思维的训练，使设计师产生创造直觉和设计灵感的条件。陈汗青认为：好的设计是灵感与智慧碰撞后产生的情理之中、意料之外的结晶。一位优秀的设计师要保持自己旺盛的创造力，必须不断地从实践中获得灵感。

2. 可以使设计师树立正确的设计观念——以人为本的设计原则

工业革命以来，许多机器、工具被设计出来。其设计思想的出发点是机器的功能和效率至上，也就是"以机器为本"的设计思想。这样的设计很少考虑人的因素，在产品的使用过程中，往往迫使人的操作去适应机器的速度、强度和行为方式。在人的生理与心理出现不适，不能与高效的机器相匹配的时候，往往会发生一些事故。后来越来越多的设计师意识到了这一问题，于是"以人为本"的设计思想代替了"以机器为本"的设计思想。以人为本意味着设计的产品应该适应人的操作特点及认知特性。为此设计师要了解人的生理、心理特性，要将心理学作为设计的基本思想来源之一。

设计师进行产品的设计不仅仅是提供必要的功能和服务，也不是简单地去美化和装饰产品，而是要使产品更贴近人的情感，满足人的生活和多样性的需要。一个设计师如果脱离了人们的需要，那他的设计将是"以我为中心"的设计，这种设计就成了"无源之水""无本之木"，不可能得到人们的认可。

3. 可以帮助设计师形成健全的人格，有助于设计师自身的发展

设计的过程不仅仅是产品技术功能和美学设计的简单相加，它还是一个创造的过程。设计师设计出好的作品不仅需要良好的技能和专业的知识，还要有一个良好的心态、一个健全的人格。具有健全人格的设计师在认知上更具准确性，在情感上更具稳定性，在意志上更具坚定性，在个性上更具创造性。只有这样才能有效地与消费者、用户进行沟通，从中取得有

益的信息，为设计所用；才能在设计中彻底贯彻设计最初的创意并随之深入直至生产；才能真正实现创新设计。

1.3.2　设计心理学是产生"好的设计"的需要

好的设计是设计心理学的目的和归宿。对于好的设计的标准也是不断发展变化的。在过去，只要能够充分发挥物质效能、最大限度地满足人们的物质需求，这样的设计就是好的设计。现阶段，人们对设计的要求和限制越来越多，不仅要求获得产品的物质效能，而且迫切要求满足心理需求。也就是说，产品既要最大限度地满足人们的物质需要，又要最大限度地满足人们的审美需求。这也成为评价一个设计是不是"好的设计"的标准。设计不是天马行空地想象，它需要有生根发芽的土壤，需要有现实的依据。设计心理学就是设计所需要的理论依据，它可以拓宽、规范设计者的思路。设计越向高深的层次发展，就越需要设计心理学的理论支持。

从市场角度来说，多样化市场需求是现代社会发展的趋势，能否对市场有前瞻性理解是企业生存的关键。设计心理学可以依据不同类别细化目标市场。设计师可以依据细化的目标市场，进行细化的用户研究，寻找潜在用户，提高产品的存活率、竞争性。

从产品使用角度来说，设计心理学可以增进设计的可用性。工业设计的基本目的就是通过设计规划人与物之间的关系，使用户更为方便、舒适地对产品进行操作或形成使用技能，也就是设计心理学中所说的"知行合一""人机合一"。要实现以上的目标，设计师必须在设计时充分把握人的因素，让设计最大限度地符合人的需求，增进设计的可用性。

具体的方法主要通过两个途径来实现。第一，以心理学和社会心理学为依据，建立设计调查方法。在设计领域缺乏比较系统的设计调查方法。许多人用市场调查来代替设计调查，往往不能得到设计所需要的完整的信息。虽然市场调查中包含一部分与设计有关的信息，但对于一些未来产品的概念设计，却无法通过市场调查获得有效的信息。第二，用心理学的思维方式，建立设计所需要的用户模型，构建人与物的关系。用户模型分为任务模型和思维模型。前者分析用户操作的过程，后者分析用户的知觉、认知、学习和操作的出错特性。设计中的问题，如安全问题、可用性问题、疲劳问题、操作出错问题、用户学习负担等，都可以通过分析以上模型来进行解决。另外，通过对用户操作心理的分析，可以为用户提供有利于行动的条件，为设计易用性产品打下坚实的基础。

1.3.3　设计心理学是"不断发展的设计"的需要

社会在发展，我国的经济突飞猛进，这些都使得设计的理论与产品也在不断发展。现在人们开始在一定的技术平台上研究虚拟设计、交互设计、体验设计、情感设计、无障碍设计等新的设计。所有的设计都以设计心理学为基础，以用户为中心，其目的是更好地满足人们的心理、情感及精神需求。

交互设计（Interaction Design）以用户为核心，开发易用、有效而且令人愉悦的交互式产品。它致力于了解目标用户和他们的期望；了解用户本身的心理和行为特点；了解用户与产品交互时彼此的行为及各种有效的交互方式。也就是说，交互方式关注用户完成某一任务的行为和流程。交互设计是在认知心理的基础上发展起来的。

用户体验设计（User Experience）在产品功能性达到要求的基础上，更强调用户的情感因素，这些情感因素往往是令人满意的、愉悦的、有趣的等正面情感因素。用户体验包括功能体验和情感体验，通常情况下只有当功能体验被满足以后，用户才会产生更高级的情感体验。在特殊情况下，用户也会因为情感因素的放大，而忽视功能设计上的不足给他们带来的负面体验。如图1-1所示是一款用户体验设计的产品，通过对妈妈子宫的形状和结构的模仿，该婴儿床能给宝宝以温暖、安全的心理感受。

图 1-1　婴儿床的设计

1.4 设计心理学的形成与发展

设计心理学是一门新兴学科，其形成及发展的时间并不长。而心理学则有着很长的发展历程，在长时间的发展过程中，心理学形成了不同的学派及分支。

1.4.1　心理学的形成与发展

心理学起源于古希腊，柏拉图和亚里士多德建立了哲学范围内的心理学体系。最初是古希腊医学之父希波克拉底（公元前460年—公元前370年）形成了"气质说"，认为良好的健康由四种体液平衡所致。这四种体液形成四种气质，即黏液质、多血质、忧郁质、胆汁质。柏拉图（公元前428年—公元前348年）认为科学的观察仅提供了有效的信息，真正的知识的获取来自于思想。他建议采用理性主义方法，使用逻辑分析去理解世界及人与自然的关系。柏拉图还认为健康的心灵存在于健康的体魄。现在使用的演绎推理的方法，也是柏拉图研究的成果。柏拉图的学生亚里士多德（公元前384年—公元前322年）认为，灵魂与身体之间存在着密切的联系。他在《动物论》中研究了感觉、虚幻、思想等概念，把灵魂产生的地方叫心灵，心灵不是非物质的，而是思想过程中所采取的步骤。这种功能主义的分析方法也在影响着认知相关理论的发展。亚里士多德在思维方法上倾向于归纳一般原理或趋势，他认为人们通过所经历的经验和观察来掌握知识。

现代心理学产生于19世纪的德国。实验心理学的产生标志着心理学逐步脱离哲学，走向科学。威尔海姆-冯德规划组织了心理学体系，创建了现代意义上的心理学。他认为心理学是关于精神的科学，并把心理学定义为研究意识并探索控制心灵的独特规律的科学。他使用的主要研究方法是实验法，并以内省法为辅助。冯德研究的对象主要是意志活动，并逐步形成了意志心理学。20世纪60年代后，德国在这一理论的基础上发展出动机心理学，主要研究人的行动特性。

1.4.2 不同学派心理学的发展

1. 行为主义心理学

行为主义心理学是美国现代心理学的主要流派之一，也是对西方心理学影响最大的流派之一，是美国心理学家华生（见图1-2）在巴甫洛夫条件反射学说的基础上创立的。行为主义者在研究方法上否认内省，主张采用客观观察法、条件反射法、言语报告法和测验法。

1913年，华生的论文《一个行为主义者所认为的心理学》宣告行为主义心理学正式成立。1919年，他的《行为主义观点的心理学》问世。在这部书内，他采用了巴甫洛夫的条件反射的概念，系统地表述了行为主义心理学的理论体系。他主张心理学应该摒弃意识、意象等太多主观的东西，只研究所观察到的并能客观地加以测量的刺激和反应。他认为人类的行为都是后天习得的，环境决定了一个人的行为模式。无论是正常的行为还是病态的行为，都是经过学习而获得的，这些行为也可以通过学习去更改、增加或消除。他主张根据反应来推断刺激，从而达到预测并控制动物和人的行为的目的。

1930年，出现了新行为主义理论，以托尔曼（见图1-3）为代表的新行为主义者修正了华生的极端观点。他们指出在个体所受刺激与行为反应之间存在着中间变量，这个中间变量是指个体当时的生理和心理状态，它们是行为的实际决定因子。变量包括需求变量和认知变量。需求变量本质上就是动机，它包括性、饥饿及面临危险时对安全的要求。认知变量就是能力，它包括对象知觉、运动技能等。

图 1-2　华生　　　　　　　图 1-3　托尔曼

2. 弗洛伊德心理学

弗洛伊德是一名医学博士，1882年，他与精神病学家 J. 布洛伊尔合作，用催眠术医治并研究癔病。1895年以后，他改用自己独创的精神分析或自由联想法，来挖掘患者遗忘了的特别是童年的观念和欲望。在治疗过程中，他发现患者常有抗拒现象，于是认识到这正是欲望被压抑的证据，因而创立了以潜意识为基本内容的精神分析理论。此理论的初期概念有防御、抗拒、压抑、发泄等。第一次世界大战期间及战后，他不断修订和发展自己的理论，提出了自恋、生和死的本能及本我、自我、超我的人格三分结构论等重要理论，最终使精神分析法成为了解全人类动机和人格的方法。

弗洛伊德认为意识分三种功能层次：有意识、潜意识和无意识，其中无意识是最有影响的一部分。弗洛伊德的人格三分结构论是指人具有本我、自我和超我的三种人格。第一是本我阶段，人在新生儿期，所有的精神过程都是本我的过程，处于无意识的欲望状态。本我阶段的原则是快乐原则，它不需要顾及社会规则。第二是自我阶段，孩子接受大人们有意识的教育后形成了自我。自我的原则是要遵守现实原则，即人欲望的满足要符合社会规范以保护自己不受侵害。第三是超我阶段，随着人逐渐长大进入社会，在其道德价值观念变为人生价值观或者自我谨记的信条后，便拥有了自我理想，形成超我。超我阶段遵守理想原则，是人格中促使人完美，形成更高追求的阶段。

3. 认知心理学

与行为主义心理学家相反，认知心理学家研究那些不能观察到的内部机制和过程，如记忆的加工、存储、提取和记忆力的改变。认知心理学的创始人是纽厄尔、西蒙和奈瑟。20世纪50年代后期，认知心理学产生于美国，60年代得到迅速发展，70年代已经成为西方心理学的一个主要潮流。认知心理学主张用信息加工、综合整体的观点研究人的复杂认知过程。它将人看作一个信息加工系统，认为认知就是信息加工，包括感觉输入的编码、存储和提取的全过程。按照这一观点，认知可以分解为一系列阶段，每个阶段都是对输入的信息进行某些特定操作的一个单元，而反应则是这一系列阶段和操作的产物。信息加工系统的各个组成部分之间都以某种方式相互联系着。认知心理学家关心的是人类行为基础的心理机制，其核心是输入和输出之间发生的内部心理过程。由于人们不能直接观察内部心理过程，只能通过观察输入和输出的表象来加以推测，所以认知心理学家所用的方法就是从可观察到的现象来推测观察不到的心理过程。有人把这种方法称为汇聚性证明法，即把不同性质的数据汇聚到一起，而得出结论。现在，认知心理学的研究通常需要实验结果、认知神经科学知识、认知神经心理学知识和计算机模拟结果等多方面的共同论证，而这种多方位的研究也越来越受到研究者的青睐。

4. 社会心理学

社会心理学研究的是个体和群体的社会心理现象，它是心理学的一个分支。个体社会心理现象是指受他人和群体制约的个人的思想、感情和行为，如人际知觉、人际吸引、社会促进和社会抑制、顺从等。群体社会心理现象是指群体本身特有的心理特征，如群体凝聚力、社会心理气氛、群体决策等。社会心理学是心理学和社会学之间的一门边缘学科，它受到来自两个学科的影响。社会心理学与个性心理学的关系更为密切。美国心理学会迄今仍把个性与社会心理学放在一个分支里。一般来说，个性心理学研究的是个性特质形成和发展的规律，它涉及自然和教化的关系、稳定的心理特质等；而社会心理学主要研究社会情境对个人的影响及个人对社会情境的作用。

1.4.3 设计心理学的发展历程

设计心理学是20世纪40年代后期第二次世界大战以后逐步发展起来的。其最初的形成是在"二战"期间，表现为在军事上对人机工程、心理测量、工程心理等方面的研究。例如，20世纪40年代飞机速度大幅提高，雷达观测员往往漏报屏幕目标，于是在美国出现了工程心理学（engineering psychology），又叫人因工程学（human-factors engineering）。1945年，美国国军和海军建立了工程心理学研究所。当时在行为主义影响下，工程心理学的主要目的是培训操作员，主要方法是把人的心理因素模拟成机器参数，以适应机器的操作要求。由于机器操作主要依赖知觉和动作，所以从50年代到80年代，美国心理学界对知觉和动作进行了大量研究，主要研究的结果是不再迫使人去适应机器，而是把机器设计得尽可能适应人的生理和心理特性，由此工程心理学被改为人因学（human factor）。"二战"后，这些相关理论在工业领域得到广泛应用。由于这些理论的研究与设计心理学中的感知、注意、人的操作特性等理论内容是一致的，所以它们为设计心理学的产生奠定了基础。

以人为本的设计思想为设计心理学指明了道路。以人为本的含义是机器在操作上的特性应当适应人的生理和心理特性。1857年，波兰人亚司特色波夫斯基建立了人机学（ergonomics）。这门学科主要研究劳动工作环境中人的生理特性，人的生理特性怎样与设计的机器数据相匹配，机器设计怎样和劳动管理相适应等内容。后来一些设计者在以人为本的思想基础上，对人机界面及人的行为特性进行了进一步研究。比如，德国的奥特在1877年设计了一款定位斜角木锯。但在当时这种以人为本的设计思想并没有得到广泛的应用。20世纪50年代以后英国和美国出现了人机学和人因学，但以人为本的思想仍然没有真正确立起来。改变这一局面的是英国著名的人机学专家布朗顿，他在1960—1986年期间在英国重新建立了以人为本的人机学。20世纪90年代美国许多研究者也认识到了传统人机学的问题。也就是说，20世纪60年代后心理学开始广泛研究人的行为特性，这时设计界才普遍认识到人的行为方式与机器行动方式的不同，以人为本的设计理念才真正建立起来。

20世纪60年代后，信息技术迅速发展，人与计算机的交互问题成为人机系统的重要命题，界面控制普遍应用于生产、办公、生活的各个方面，人机界面设计成为工业心理学、人机工程学最重要的研究领域。先进的数字技术设备为产品中心理学的研究提供了有效的促进手段，如眼动仪、心电图、脑电波分析仪等。这使得与设计心理学有关的消费者心理学、广告心理学、工业心理学和人机工程学得到迅速的发展，并取得了巨大的进步。

美国认知心理学家、计算机工程师、工业设计家，现美国西北大学计算机科学系和心理学教授唐纳德·A.诺曼在20世纪80年代撰写了 The Design Everyday Things 一书。在书中他指出："想设计出以人为中心、方便适用的产品，设计人员从一开始就要把各种因素考虑进去，协调与设计相关的各类资料。设计的目的是要让产品为人所用，因此，用户的需求应当贯穿在整个设计过程之中……设计师完全有可能生产出既具创造性又好用，既具美感又运转良好的产品。"他明确表明了以人为本的理念，并阐述了产品要具有易用性应遵循相应的原则。这本书对于设计心理学的确立有着极其重要的作用。2003年这本书被翻译为中文，书名是《设计心理学》，此书对于我国工业设计产生了巨大的影响。设计师和研究者在学习设计心理学的过程中，也对设计心理学的相关内容进行了进一步研究，迄今为止，设计心理学的各种教材和书籍已经达到几十本之多。

2004年，唐纳德·A.诺曼出版了他的第二本有关设计心理学的图书《情感设计》，书中指出，人脑有三种不同的加工水平：本能的、行为的和反思的。人们对"形"的认识可以理解为一种本能水平上的认知方式，而对"态"则是更高水平的认识，即反思水平的认识。与人脑的这三种加工水平相对应，对于产品的设计也有三种水平：本能水平的设计、行为水平的设计和反思水平的设计。本能水平的设计主要涉及产品外形的初始效果；行为水平的设计主要是关于用户使用产品的认知及经验；反思水平的设计主要是产品给人的情感及价值方面的提升。这些理论从认知心理学的角度来解释用户的情感及其产生的生理、心理基础，它是对人的需求的进一步研究。

现在我国工业设计领域发展迅速，产品的设计正从模仿性设计向改良性设计再向创新性设计转变。设计心理学也引起了工业设计人士的广泛关注和浓厚的兴趣，并对其进行了不断的研究。比较有代表性的就是李乐山的《工业设计心理学》一书，在书中他提出运用设计调查来对用户的需要、价值进行研究，并在此基础上进行创新设计。其中具体的方法是建立产品的思维模型和任务模型。此书对设计心理学在产品设计中的具体运用有着指导意义。总体上，我国对于设计心理学的研究还处于初级阶段，设计心理学的体系框架还没有真正搭建起来，设计心理学的内容大多还是借助心理学的相关知识，没有真正和设计紧密融合起来。另外，国内研究者对设计心理学方面的研究横向上的比较多，纵向上的比较少。也就是从面上入手，用总结归纳的方法进行研究的多；从点上入手，用实验的方法进行研究的比较少。这都有待广大工业设计专家与学者进行进一步的研究。

1.5 设计心理学的研究方法

设计心理学作为新兴的应用心理学的一个分支，其研究方法和手段并未形成独立的体系。设计心理学主要借助心理学的研究方法，包括观察法、访谈法、问卷法、投射法、实验法等。

1.5.1 观察法

在研究人的心理过程中，由于人的心理因素是不可见的，所以只能通过人们的行为表现来分析他们的心理。观察法就是通过对人们行为表现的观察，来研究人们的心理的方法。换言之，就是在自然条件下，有目的、有计划地直接观察研究对象的言行表现，从而分析其心理活动和行为规律的方法。在对所研究的对象无法加以控制，或为避免控制条件对研究行为产生影响的情况下，经常使用观察法。无论是消费者心理还是用户心理，作为设计心理学的研究对象，常常是不可控的。因此，观察法是研究设计心理学最基本的方法。

在设计心理学的研究中，比较常用的观察法有直接观察法、间接观察法和借助机械的观察法。

直接观察法是指对所发生的事或人的行为的直接观察和记录。直接观察法又可以分为公开观察和隐蔽观察两种。调查人员在调查地点的观察称作公开观察，即被调查者意识到有人在观察自己的言行。隐蔽观察是指被调查者没有意识到自己的行为已被观察和记录。例如，在美国超级市场的入口处，市场调查人员对走进商店的顾客进行观察。通过观察顾客对推销的新产品的反应，来确定顾客对新产品的注意程度。

间接观察法是通过对实物的观察，来了解过去所发生过的事情，又称对实物的观察法，如21世纪初查尔斯·巴林先生对芝加哥街区垃圾的调查。这种对垃圾的调查方法，后来演变成市场调查中的一种特殊的、重要的方法——"垃圾学"。所谓的"垃圾学"，是指市场调查人员通过对家庭垃圾的观察与记录，来收集家庭消费资料的调查方法。这种调查方法的特点是调查人员并不直接对住户进行调查，而是通过查看住户所处理的垃圾，就可以了解此户家庭的消费情况。

借助机械的观察法是指随着科学技术的发展，各种先进的仪器、仪表等手段被逐渐地应用到市场调查中。市场调查人员可以借助摄像机、交通计数器、监测器、闭路电视、计算机等来观察或记录被调查对象的行为或所发生的事情，以提高调查的准确性。美国最大的市场调查公司——A.C.尼尔逊曾采用尼尔逊电视指数系统评估全国的电视收视情况。尼尔逊公司抽样挑出2000户有代表性的家庭，并为其分别安装收视计数器。当被调查者打开电视时，计数器自动提醒收视者输入收视时间、收视人数、收看频道和节目等数据。所输入的数据通过电话线传到尼尔逊公司的计算机中心，再由公司的调查人员对计算机记录的数据进行整理和分析。

观察法获得的材料是第一手的，比较真实可靠。掌握观察法要做到五个学会。一是学会"看"，根据观察时确定的目的和任务，确定观察的对象、方式和时机，"看"要遵循由整体到部分，再由部分到整体的规律。首先看事物或对象的整体，对整体获得初步的、一般的、大概的认识，然后再去细致地、入微地、及里地看事物或分析对象的各个部分，最后归纳各部分与整体之间的联系。二是学会"听"，"听"是对"看"的检验和证实，观察者要学会听取来自不同方面的意见和建议。三是学会"问"，主要是扪心自问，对于观察到的现象，不能仅仅停留在"是什么"上，要善于提出问题，思考这是"为什么"，是偶然的还是具有规律性的。四是学会"记"，记录的内容包括：观察对象，观察时间，被观察对象的言行、表情、态度等；随着科学技术的发展，人们可以利用录像机、照相机、计算机等先进的手段来记录观察的结果。五是学会"结"，即观察者对观察结果的综合评价，它依赖于观察的数量和质量，在很大程度上更取决于观察者的知识、经验和能力。

观察法的优点是自然、真实、可靠、简便易行、花费低廉。观察法可以在完全自然的环境下进行，比如，观察在自然环境下人们对于设计的广告宣传、产品造型、包装装潢的语言评价及注视程度等，从而判定人们的心理接受及认可程度。观察法也可以在非自然的环境下进行，即在人为设置的情景下进行，如在举办的设计作品展中，通过观察特定设置情景下人们的行为举止来了解人们对展示作品的喜好程度。观察法的缺点是被动地等待，并且事件发生时只能观察到从事活动的过程，却不能得到从事活动的原因，这使观察的结果具有一定的偶然性。因此，运用观察法进行调查时要注意：观察目的要明确，观察记录要细致，观察分析要客观，观察条件要多样。

1.5.2 访谈法

通过访谈者与受访者之间的口头交谈，借以了解受访者的动机、态度、个性、价值观念或对某一种产品的看法，这种方法就是访谈法。访谈法有两个显著的特点：首先，访谈是访谈者与受访者互相影响、互相作用的过程；其次，它具有特定的科学目的和一整套设计、编制和实施的原则。

访谈法可以分为结构式访谈和无结构式访谈。结构式访谈也称为控制式访谈，它是根据既定目标，设立一些纲目，这些纲目可以是有关产品的具体问题，通过访谈者的主动询问，受访者逐一回答的方式进行的。无结构式访谈又称无控制访谈，它没有什么既定的问题和内容，只是设立一个大范围的目标。它是通过访谈者和被访者之间自然的交谈方式进行的。

这两种访谈法比较起来各有优缺点。结构式访谈组织严谨、条理清晰，访谈整个过程易于控制，访谈结果明确，便于统计分析，也节省时间。缺点是访谈缺乏深度，被访者不容易进入状态，这样访谈的结果可能有一定程度的失真。非结构式访谈没有固定的格式，不拘形式，气氛会比较融洽，受访者容易敞开心扉，说出自己的真实想法。缺点是无章可循，海阔天空，不容易控制访谈内容，访谈结果的价值性不确定。在这种情况下，如果访谈者控制得好，就能够得到较多有价值的信息；如果访谈者失去对访谈内容的控制把握，则得到的信息往往是没有价值的。

可以直接进行面对面的访谈，称为直接访谈。也可以借助一定的中介物，访谈者和受访者进行非面对面的交谈，这种访谈称为间接访谈。直接访谈便于访谈者和被访者的直接沟通和交流，易于互动。这种访谈法对访谈者要求较高。间接访谈往往是电话访谈。电话访谈适用于访谈内容少、较简单的调查研究。其优点是保密性强，对访谈者要求不高；其缺点是不利于互动和交流。

访谈前要做充足的准备，具体包括以下内容：一是访谈者要根据调查的目的要求，熟悉访谈的内容和范围并有一定见解；二是要了解访谈者的基本状况，包括性别、年龄、职业、文化、性格、兴趣等，这有利于与受访者建立良好的关系；三是要选择好交谈地点和交谈时间。

在访谈中，最重要的是要以自己的真诚取得被访者的信任。一是要自我介绍，并出示自己的身份证或工作证，简要说明来意。二是说话行动要有礼有节、亲切和蔼，面对不同的被访者适度调整自己的说话方式。三是态度积极，采用一些谈话技巧和策略提高成功率。比如，不宜采用"不知道您忙不忙，您能不能……"等不肯定语气的方式，而应该采用比较肯定的语气来叙述"我想请您了解一下……谢谢您的帮助和支持。"

无论是结构式访谈还是无结构式访谈，在访谈中都需要做记录。记录的具体形式可以是文字记录，也可以是语音记录。如果受访者有顾虑，应认真做好思想工作，讲明研究结果的保密性。如果受访者实在不能接受，也可以在谈话结束后再进行记录。

访谈的结尾工作也是很重要的。访谈者应尽可能按预定时间准时结束访谈。如果因种种原因未能按时完成访谈而需推延，则要征得对方的同意。访谈者还要善于根据访谈气氛的变化和临时出现的各种情况，灵活地把握访谈的结束时间。结束访谈时，访谈者应真诚地感谢受访者对研究工作的支持、合作和帮助，同时还应表示从对方那里学到了很多知识等。

访谈法看似简单易行，实际在访谈过程中会遇到各种各样的问题。访谈者应端正自己的态度，学习与人沟通的知识与技巧，提高自己的专业素养，这样才能在访谈调查中提高调查的质量和效率，更好地完成任务。

1.5.3 问卷法

问卷是由研究者将其所要研究的内容制成问题表的样式对测试者进行测试，并将其问题答案返回统计的一种信息采集工具。借助问卷作为搜集资料工具的研究方法，就是问卷法。

设计心理学的问卷法的核心问题在于问题的设计，同样的被调查对象，由于设计问题不同，或者同样的问卷和问题研究者的出发点不同，得出的结论往往大相径庭。因此，设计问卷时要注意以下几点：一是要根据所研究的产品类别设计题目。问卷的题目要清楚、明确，不能含混不清或有多种解释，提问的方式应不带暗示性的表达。二是问卷的题目要考虑受测者的年龄、受教育程度及经济状况的不同，有针对性地设计题目。三是题目中要避免使用有损于受测者感情的贬义词，要回避受测者所在文化背景下的禁忌。四是问卷的结构要清晰、内容要规范。具体可以采用封闭式问卷或开放式问卷的形式。五是问卷设计的答案要便于统计。

问卷设计好以后，一般要进行预备性测验，以检查问卷的质量。问卷质量的具体表现指标就是它的信度和效度。问卷的信度是指它测定结果的稳定性。稳定性越高，说明它受随机误差因素的影响就越小，反之则随机误差大。使用同一问卷对同一组受测者施测两次，其前后两次测量的结果越一致，说明其稳定性越高，信度越高，也就越可靠。问卷的效度是指问卷能测出待测属性或功能的程度。效度越高，说明问卷受系统误差的影响越小。为了保证问卷的质量，往往需要在预测的基础上对问卷做反复多次的修改。只有在问卷信度和效度都比较高的时候，问卷才能成为一种测量工具，才能通过问卷得到较为真实的数据。

问卷法的优点是方式灵活多样，可以同时调查很多人，也可以调查一个人，可以获得更多的研究所需要的信息。缺点是由于问卷法没有对研究条件进行严密的控制，被研究者的回答往往随心所欲，容易失真。问卷的结果也往往受问卷问题的影响。为了获得更真实的调查结论，可以把问卷法和访谈法有机地结合起来，两种方法相互补充，能够获得较好的效果。

1.5.4　投射法

人的一些心理活动是隐藏于内心深处的，既不容易被别人察觉，也不愿意告诉别人。对一般的访谈法和问卷法得到的结果进行分析，可以发现有些问题的回答并不真实。怎样才能使人们在不知不觉中表达自己的真实想法是调查者研究的关键所在，而投射法就是让被调查者表述真实想法的一种行之有效的方法。

投射法是根据无意识的动机原理分析人的内心深处的心理活动的一种方法。即提供一些未经组织的外部刺激物，让受测者在不受限制的条件下随意表达他的要求、动机、态度和价值观等内在观念，这些内在观念是经过上述刺激物而投射出来的自然反应，因而具有真实性。

投射法的具体方法通常有词汇联想法、造句法、示意图法、角色扮演法、洛夏墨渍和主题统觉测验等方法。洛夏墨渍和主题统觉测验法是比较有代表性的方法。洛夏墨渍测验是给被测者10张墨渍图。这些图是将墨汁涂在纸上，再将纸对折，墨汁散开后形成浓淡不一、对称的图案，如图1-4所示。然后让受测者说出他从图中看到了什么。受测者可能回答说像只蝙蝠，也可能说像只蝴蝶，或者可能说像只山羊。通过分析以上的回答可以分析受测者的心理状态。主题统觉测验是通过受测者对10张模糊、意思不清的图画的猜测臆想来分析其心理状态。如图1-5所示,这是一张主题统觉测试图,如果问受测者你觉得图中发生了什么,那个在椅子上的人在想什么呢?有的可能回答他考试没考好,正郁闷呢;有的可能回答他失恋了,正伤心呢;有的可能回答他正在想回家看妈妈呢。这些回答往往表述的就是受测者自己的心理状态和他所关注的事情。

图1-4　洛夏墨渍图　　　　　　　　图1-5　主题统觉测试图

对以上图形内容进行分析,图形本身并没有什么特定的意义,而受测者将这些无意义的图形讲出意义来,往往是把自己特有的性格结构及心理状态影射到了图上。所以根据受测者自己对图形意义的理解,测试者可以推断他的心理活动。这样推断的主要依据是人们往往把自己的情绪投射到客观主体上。这和在日常生活中,人们心情高兴的时候,看天天也蓝,看水水也绿的道理是一样的。

1.5.5　实验法

设计心理学的实验法是指在严格控制的环境中,研究者有目的地操纵某一变量,以引起另一变量的产生和变化,诱发某种心理现象的产生,从而进行研究的方法。实验法的核心问题是变量,变量是实验情景中可以操控的相关主体的各种特性参数的变化,即用实验法进行研究时,主体的性质相关参数及数量等可以作为变化操纵的条件,它的变化因人、因物、因时、因地而有所不同。在应用实验法进行设计心理学研究时,有的变量需要不断变化,如产品设计中有关产品色彩引起的人们心理状态变化的实验;有的变量需要尽量保持稳定,如某一广告设计引起的心理状态变化实验;有的变量需要仔细观察、记录和测量,如人们对设计反应强度、反应速度、反应频率的实验。

设计心理学的实验法分为理论实验法和实践实验法。理论实验法是在实验室内借助专门的实验设备进行的实验。例如,把不同产品设计或同一产品设计的多种设计方式制作成模型,从而进行注意的广度、短时记忆的容量等方面的实验。实践实验法是在日常生活中进行的实验,这种实验法虽然也会人为地对实验条件进行控制,但它往往是在产品的实际应用中进行的。例如,设计的产品投放市场后,用户在实际使用中的信息反馈,这是实践实验法所研究的内容。

在设计心理学研究中，最常用的实验法是定量实验法和定性实验法。定量实验是为了深入了解事物和现象的性质，揭露各因素之间的数量关系，确定某些因素的数值而进行的实验。例如，对于新开发的产品，在哪些方面更好地满足了消费者的需求；产品的哪些新功能激发了消费者的购买动机；消费者使用后对产品的综合满意度如何。这些信息的反馈都可以通过定量实验的方法得到。定性实验是用来探讨研究对象的质的规定性的方法，这种方法常常用以判定某种因素是否存在；某些因素之间有无联系；某个因素是否起作用等。例如，对于新开发的产品，消费者是否有消费需求，是否有购买动机，是否具备购买能力等，这些相关信息可以通过定性实验的方法获得。

应用实验法对设计心理学进行研究，实验中的变量主要有三类。第一类是自变量，即刺激变量，它是研究者按照计划改变的变量。刺激变量的性质、种类不同，所定义的刺激变量的强度、数量、频率、持续性等也会有所不同。例如，研究者要研究产品选取的材料对人们的影响，材料的变化就是一个自变量。第二类是因变量，即由于刺激而引起的反应。这种变量往往以实验结果的形式出现，也叫反应变量。它一般是研究者预定要观察、测量和记录的对象，往往和反应时间、反应次数、反应速度相关。例如，广告心理测定实验中，广告的关注人数、驻足时间、综合评价、情感趋向等都属于因变量。第三类是无关变量，即与实验无关而又伴随着实验出现的变量。综上所述，对于设计心理学中使用的实验法，其任务包括三个方面：一是正确操纵自变量；二是合理导出因变量；三是科学控制无关变量。

复习思考题

1. 设计心理学的研究对象是什么？
2. 问卷法中的题目有什么要求？
3. 你认为心理学是怎么应用到工业设计中的？

第2章 消费者心理与设计

本章重点

- 消费需要的概念及相关理论
- 消费动机的概念及动机特性、类型等
- 消费者决策概念、理论及分析
- 市场细分的概念及不同性别及年龄的消费心理特点

学习目的

- 通过本章的学习，在掌握消费需要、动机、决策、市场细分等概念的基础上，能够运用相关理论对市场的购买行为及产品进行分析。

研究消费者心理及消费者行为是为产品设计服务的。好的产品必然是被市场认可、受消费者欢迎的产品。要想得到消费者的认可，必然要满足消费者的需要。要想受到市场的认可，不仅要熟悉、了解个体消费者的需要，还要熟悉、了解整体市场的需求趋势及主流产品，才能在调查分析的基础上开发出使消费者满意，在市场上畅销的产品。

2.1 消费需要与设计

人既具有生物的个体属性，又具有社会性。人在社会中为了个人的生存和发展，必定需要一定的物品，如食物、衣服、交通工具等。这些必需的物品反映在个人的头脑中就成为需要。需要是反映个体对内部环境或外部生活条件的某种需求，它通常以意向、愿望、动机、兴趣等形式表现出来。

2.1.1 需要的概念

需要是个体由于缺乏某种事物，其生理或心理因素产生内心紧张，形成与周围环境不平衡的一种状态。其实质是个体为延续和发展生命，以一定方式适应环境所必需的客观事物的反映。人在社会上产生消费行为，消费行为的产生是经过一系列的过程后形成的。这是因为人在有了某种需要以后，才会提出活动目的，考虑行为方法，去购买所需要的东西，从而获得某种程度上的满足。从这个意义上来说，需要是个性积极活动的源泉，是人的思想和行为活动的基本动力。要研究消费者的行为及消费者购买行为的规律，就必须先研究人们的需要是什么，什么条件下人们会把需要转化为活动，什么因素可以促使消费者行为的产生等方面的内容。

一般情况下，人们可以意识到自己的需要，但有时人们并未感到生理或心理体验的缺乏，却仍有可能产生对某种商品的需要。例如，面对美味诱人的佳肴，人们可能产生食欲，尽管当时并不感到饥饿；面对华贵高雅、款式新颖的服装，一些女性往往也控制不住购买的冲动，即便她们已经拥有多套同类服装。这些能够引起消费者需要的外部刺激（或情境）称为消费诱因。消费诱因按其性质可以分为两类：促使消费者趋向或接受某种刺激而获得满足的诱因，称为正诱因；促使消费者逃避某种刺激而获得满足的诱因，称为负诱因。心理学研究表明，诱因对产生需要的刺激作用是有限度的，诱因的强度过大或过小都会导致个体的不满或不适，从而抑制需要的产生。例如，如果处在一个接连不断的电视广告宣传的环境之中，消费者就可能产生厌恶和抗拒心理，拒绝接受广告中所宣传的产品。这表明，刺激或促进消费者某种需要的产生，必须提供强度适当的特定诱因。这也是现代市场营销活动所倡导的引导消费、创造消费的理论依据。

消费需要作为消费者与所需消费对象之间不均衡状态的反映，其产生取决于消费者自身的主观状况和所处消费环境两方面因素。而不同消费者在年龄、性别、民族、宗教信仰、生活方式、文化水平、经济条件、个性特征和所处地域的社会环境等方面的主客观条件千差万别，由此形成多种多样的消费需要。每个消费者都按照自身的需要选择、购买和评价商品。就同一消费者而言，消费需要也是多元化的。每个消费者不仅有生理的、物质方面的需要，还有心理的、精神方面的需要。所提供的物品不仅要满足衣、食、住、行方面的基本需要，同时也要满足人们娱乐、审美、运动、文化修养、社会交往等高层次需要。

消费需要作为消费者个体与客观环境之间不平衡状态的反映，其形成、发展和变化直接受所处环境状况的影响和制约。客观环境包括社会环境和自然环境，它们处在变动、发展之中，所以，消费需要也会因环境的变化而发生改变。

如果以生存资料、享受资料、发展资料来划分消费对象，那么在人类社会消费需要的发展历程中，就可以发现某些带有普遍性和规律性的趋势。在现代社会，生存资料的需要将从以吃为主的"吃、穿、用"的结构顺序转变为以用为主的"用、穿、吃"的结构顺序；享受和发展资料的需要将从以物质性消费为主的需要转变为以服务性消费为主的需要。

2.1.2 马斯洛需要层次论

美国社会心理学家亚伯拉罕·哈罗德·马斯洛（Abraham Harold Maslow, 1908—1970）认为人类价值体系存在两类不同的需要，一类是沿生物谱系上升方向逐渐变弱的本能或冲动，称为低级需要和生理需要；另一类是随生物进化而逐渐显现的潜能或需要，称为高级需要。人的需要虽然多种多样，但按照层次组织起来可以分为五种，分别是生理需要、安全需要、社会需要、尊重的需要和自我实现的需要，如图2-1所示。

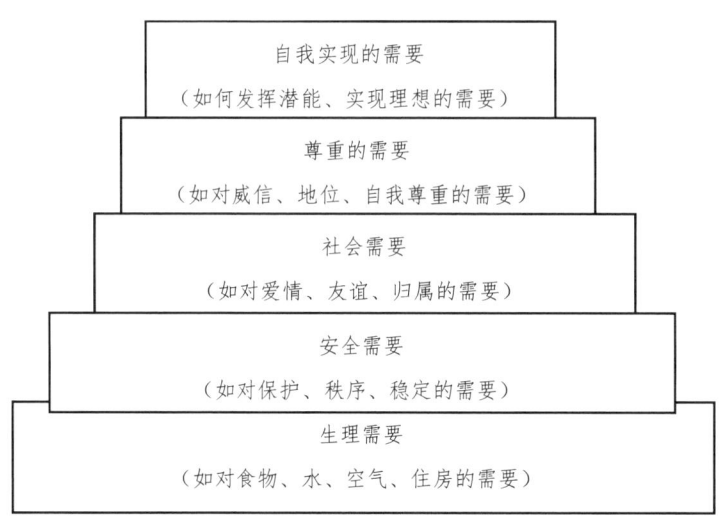

图2-1 马斯洛的需要层次

第一层是生理需要，它是人类维持自身生存的最基本要求，包括饥、渴、衣、住、性方面的要求。第二层是安全需要，它是推动人们行动的最强大的动力。安全需要是人要求保障自身安全、摆脱事业和丧失财产的威胁、避免职业病的侵袭、解除严酷的监督等方面的需要。第三层是社会需要，这一层次的需要主要包括友爱和归属两个方面的内容。人人都希望得到爱，也希望爱别人，并且人都希望归属于一个群体，能够相互关心和照顾。第四层是尊重的需要，人都希望自己有稳定的社会地位，希望个人的能力和成就得到社会的认可。在尊重需要得到满足的情况下，人就会对自己充满信心，对社会充满热情，体验到自己活着的价值感。第五层是自我实现的需要，这是最高层次的需要，它是努力实现自己的潜力，完成与自己的能力相称的一切事情的需要。

一般来说，某一层次的需要相对满足了，就会向高一层次发展，追求更高层次的需要就成为驱使行为的动力。同一时期，一个人可能有几种需要，但每一时期总有一种需要占支配地位，对行为起决定作用。任何一种需要都不会因为更高层次需要的发展而消失，各层次的需要相互依赖和重叠。

马斯洛的需要层次论被人们所认知并大量应用在公司管理过程中。对于产品整体市场来说，马斯洛的需要层次论使设计者在人们各种各样、成千上万的具体需要之中，找到一个清晰的脉络。这为结合产品的市场细分来确定产品的市场定位提供了一个有效的理论依据。

例如，对于手表的市场细分下的不同人群，消费者可能有不同的需要：有的追求技术性，有的追求时尚性，有的追求可靠性，有的追求经济性，还有的追求生活品质。如图 2-2 所示的时尚马卡龙色腕表就是为了满足消费者追求时尚的需求而设计的。如图 2-3 所示的商务手表造型简洁大方、色彩沉稳，是为追求品质生活的白领人士而设计的。总之，在设计过程中，应通过对不同层次需要的消费者进行具体的分析，得到此消费群体的特征，并据此设计与其需要层次相符合的产品。

图 2-2　时尚马卡龙色腕表

图 2-3　商务手表

2.1.3　消费需要的内容

如果从需要的产品的对象属性来区分，则分为以下需要。

1. 对产品使用功能的需要

产品都有使用功能，使用功能也是一类产品区别于另一类产品的基本属性。在日常生活中，人们选购产品，最基本的出发点就是消费产品的使用功能。比如，如果天气太热，就需要降温，而能使温度下降的产品可以是空调或风扇，这时去购买这些产品，就是以产品的功能需要为出发点的。当然在选择产品时，还要兼顾产品的美观性、安全性、质量、规格、使用方便等。

出于某种产品功能的需要，人们确定选择某类产品后，还将面临对产品品牌的选择。一般情况下，功能比较多的产品会吸引消费者的注意。这就使得产品生产厂家及设计师都很注重对产品新功能的开发。比如，最早的电视在操作时是直接操控面板的，后来设计师增设了遥控的功能，如今在新技术的支持下，通过语音及手势也可以操控电视机。设计师从满足消费者的使用功能出发，依据新的技术发展，使产品具有越来越多的新功能，这是产品更新的一个重要途径。

2. 对产品审美的需要

对美的追求是人的天性。从古至今，人们对美的追求的步伐从未停止过。消费者对产品的审美需求随着社会的发展也越来越高。人们对产品美的需求已由最初的大方实用到新颖别致再到个性有趣，产品设计也由最初的功能设计到美观设计再到情感设计。

俗话说"萝卜白菜，各有所爱"，人们的审美观念也各不相同。人们对产品审美因素的认可，与个体的价值观念、生活背景、文化程度、社会阶层、职业特点、个性心理等有关。同一阶层、同一生活环境下的群体审美观念通常有很大的相似性，并相对稳定。在消费需求中，人们对消费对象审美的要求主要表现在产品的工艺设计、造型、式样、色彩、风格等方面。比如，白领阶层对家用电器的审美需求可能就是造型简洁时尚、色彩淡雅。

3. 对产品时代性的需要

人们常说，每个人身上都有时代的烙印。产品出于一定的历史时期也会体现其所在时代的特性。它是所处年代的消费观念、消费水平、消费方式及消费结构的综合反映。人们追求消费的时代性就是不断感受到社会环境的变化，从而调整其消费观念和行为，以适应时代变化的过程。在产品上表现时代性，就是表现时代的主流设计发展趋势，也就是时尚的趋势。时尚在每一个不同的时代都由其特定的元素来表现。设计师要满足消费者对时代感的需求，就要把握时代的主流发展趋势，并用一定的符号元素或设计元素表述出来。

4. 对产品社会象征性的需要

产品的象征性是指产品具有的社会属性，也就是人们赋予产品一定的社会意义，使得购买、拥有某种产品的消费者得到心理上的满足。在人的基本需要得到满足以后，大多数人都有提高自己的社会威望和社会身份的需求。这就使得他们去选择一些能够代表身份地位的产品，比如名牌手表、豪华汽车等。对于能满足人们社会象征性需要的产品来说，其产品的实用性要求并不被消费者重视，人们重视的是这件产品是否具有一定的身份地位或经济地位的象征。所以说，产品的本身是不具有社会属性的，是社会化了的人赋予了其特定的含义。对于设计者来说，针对这一类消费者，设计要突出产品的高端性、尊贵性来满足其需求。

5. 对产品情感功能的需要

人们对产品情感功能的需要，是指消费者要求产品蕴含深厚的感情色彩，能够体现个人的情绪状态，成为人际交往中感情沟通的媒介，并通过购买和使用产品获得情感上的补偿、寄托。消费者作为有着丰富情感体验的个体，在从事消费活动的同时，会将喜怒哀乐等情绪反映到消费对象上，即要求所购买的产品与自身的情绪体验互相吻合、互相呼应，以求得情感的平衡。如在欢乐愉悦的心境下，往往喜爱明快热烈的产品色彩。另外，设计师在设计产品时，通常设计一些能让人产生愉悦情感或感到有趣的产品，这些产品满足了消费者对产品情感功能的需求。如图2-4所示，这款鸡蛋放置支架让人觉得很有趣味，从而心情也会变得好起来。

6. 对产品个性化的需要

追求个性、彰显自己的与众不同已经是当今年轻人普遍的观念。随着时代的发展，不仅是年轻人，更多的中老年人也越来越喜欢表现自己的与众不同，这使得人们对产品个性化的要求越来越高。个性化的需求要求产品能够满足消费者作为个体不同于其他个体的特性。为了满足这种个性化需求，在设计中往往要求产品风格多样、有创意、不古板、有时尚感、有幽默感等。一般创新性的产品都能满足个性化的需求。如图2-5所示，这款手表式手机设计独特，不同凡响，很有个性。

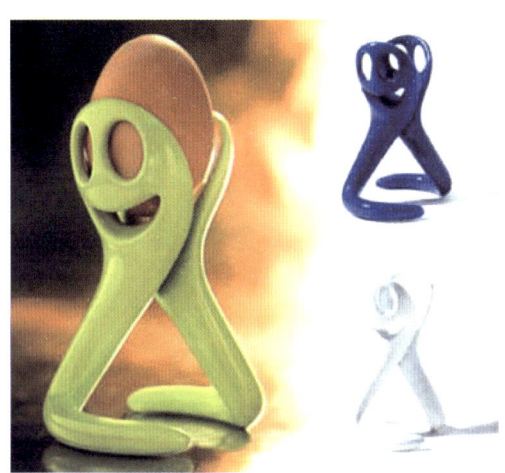

图 2-4　鸡蛋放置支架　　　　　　　　图 2-5　手表式手机

2.1.4　产品设计与消费者需求分析

研究消费者心理需要的目的是开发产品时能从市场的角度为产品进行市场定位。对消费者的需要把握准确，产品市场定位适合，就会开发出被市场接受的产品。在进行产品的开发时，第一步就是通过一定的调查方法来确定消费者需要什么样的产品，也就是进行产品的消费者需求分析。这里所指的消费者不是一个个体的消费者，而是市场细分下的消费者群体，也就是在一定范围内调查人们对产品的哪些因素感兴趣。

下面的资料来自中车网，它以新宝来为核心产品，并与其他竞品A级车型，以及一些边缘化的衍生产品进行对比分析，得到A级车目标用户五点主要产品需求。

1. A级车用户因"自己上下班代步""因为休闲需要车"等家用原因买车。

2. 在最初选择购车时，对质量（53.7%）、安全性（51.6%）、舒适性（39.6%）、外观（33.8%）因素有明确的原始需求，说明这些因素会促使用户改变购买决策。

3. 核心竞品用户购买的关注因素细项主要是"故障率"（24.1%）、"整体造型"（22.2%）、"先进安全技术、装备"（20.8%）。

4. 核心竞品形容车辆是"有品质的""现代的""家庭的"，参考竞品形容车辆是"有品质的"，衍生车型竞品形容车辆是"休闲的"。

5. 大多数用户（超过60%）认为车辆只是"一个纯粹意义上的代步工具"，说明用户对汽车的功能要求大于其他心理诉求。

通过以上的调查可以得出有关用户需要的结论：A级车用户购车的主要原因是"上下班代步""休闲需要车"等家用因素。在最初考虑购车时，人们对安全性、质量、舒适性、外观有特别明确、清晰、近乎确定的要求。

产品设计的第一个步骤是进行市场调查分析，包含市场分析、趋势分析、用户研究和设计策略。市场分析是对产品在市场上整体情况的说明。趋势分析是通过分析市场上主流产品的特点，总结出哪些设计要素是市场所认可并可以发展的。用户研究就是对消费群体的消费心理的分析。最后通过以上的这些内容对产品进行设计定位，也就是确定设计策略。如表2-1所示是手机的消费者群体分类及消费特点总结。

表2-1　手机的消费者群体分类及消费特点总结

手机消费群体的划分	各群体的消费特点
第一类群体： 高端时尚群体	他们喜欢最新的事物，走在潮流的前沿。他们有能力购买昂贵的东西，用精致高端的物品，喜欢可以突出他们个性的产品
第二类群体： 时尚群体	一般是20岁左右的喜欢追赶时尚的年轻人群。他们比第一类人群的档次要低一些，需要用物品来体现独特的个性，产品价格不是很昂贵
第三类群体： 商务群体	属于使用手机的高端用户，通常是在写字楼工作的白领。在这类手机设计中，已经不仅仅突出手机设计中的男性化元素，也会加入一些女性元素，因为此人群中女性也占据了相当的比重
第四类群体： 时尚适用群体	与前一类消费水平有些差距，手机设计中，在融入时尚元素的同时充分考虑成本的问题，属于经济型的时尚手机消费群体
第五类群体： 娱乐休闲群体	这一类群体对最新技术类产品有着浓厚的兴趣，他们可归类为多媒体群体。配合他们的需求，产品可内置一些具有娱乐性的功能
第六类群体： 基本消费群体	这一类消费群体对产品的功能性较为关注，他们一般选择市场上技术较为成熟、价格适中的产品

如图 2-6 所示，这款手机是华为 Mate20 Pro，它是 2018 年 10 月上市的一款手机。手机定位高端时尚群体，因此手机功能方面体现了当时最新的科技水平。此手机采用 6.39 英寸 OLED 曲面屏，前置 3D 深度感知摄像头，后置 4000 万超大广角徕卡三摄，采用多级压感屏内指纹技术等，造型简洁大方。材料处理方面采用微米级黄光蚀刻工艺，使手机外壳呈现更加立体生动的色彩。这款手机正如其宣传语所说："淬炼自然之美，挥洒艺术之光，打造流光溢彩卓然品位。"手机围绕时尚、高端进行设计，满足了此类群体抢占时尚科技最前端的心理需求。

图 2-6　华为手机 Mate20 Pro

2.2 消费动机与设计

人们在生活中有各种各样的需要，一旦个体意识到这种需要后，整个身体能量就会被调动起来，有选择地指向可满足需要的外界对象，于是就产生了动机。

2.2.1 消费动机

动机可定义为推动有机体寻求满足需要目标的内动力。这个动力有方向性，它指向可以满足其某种缺乏的外界的产品。动机本身是含有能量的，这种能量的来源就是自身的紧张状态。这种能量可以推动个体，维持个体产生购买行为。

比如，有人看到同事新买了一台液晶电视，于是其潜在的需要被激发起来，也就是同事的电视刺激了个体的意识，使个体意识到了自己的缺乏，这种缺乏迫使他广泛收集信息，对新的电视进行了解，或者听同事、销售人员的介绍，在其中会有某种品牌的电视由于其功能或某些特性使他感到满意，于是购买此产品的动机形成并最终产生购买行为。从这个例子可以看出，个体的需要是从刺激开始的，这个刺激可能来自内部也可能来自外部。收集信息了解产品的过程是一个学习、体验和认知的过程。经过这样的一个过程最终会指向一个满足需求的最终目标，也就形成了一种推动个体获得满足需要的动机，继而产生指向目标的行为。在行为发生后，人的需要得到满足，紧张消除。如果有新的需要被激发，就会进入下一个流程。

动机虽然是在需要的基础上产生的，但并非所有的需要都能成为动机。这是因为，需要必须达到一定强度并有相应的诱因条件才能转化为动机。引起消费者消费动机的两个条件是：内在条件和外在条件。内在条件就是消费需要，消费动机是在消费需要的基础上产生的，离开消费需要的动机是不存在的。而且只有消费需要的愿望很强烈、满足消费需要的对象存在时，才能引起动机。外在条件就是能够引起个体消费动机并满足个体消费需要的外在刺激（诱因）。例如，饥饿的人，食物是诱因；寒冷的人，衣服是诱因；无住房的人，房子是诱因。诱因可能是物质的，也可能是精神的。在个体强烈需要、又有诱因的条件下，就会引起个体强烈的消费动机，并且产生消费行为。

2.2.2 消费动机的特性

消费动机作为一种消费者购买行为和消费活动的原动力，其强度和能量的大小取决于两个重要的因素：一是需要驱动，即消费者个体生理或者社会需求的空缺程度；二是目标诱因，即消费对象对消费者的诱惑力大小。消费动机所体现的原动力就是需要驱动和目标诱因合力，这种合力对消费者的购买行为和消费活动具有三个方面的功能。一是引发和始动性功能，没有消费动机，就不可能有消费者的行动。例如，为了使居住条件得以改善，就会产生购买住房的行动。二是方向和目标性功能，人的行动总是有一定的方向和目的的，其消费也总是按照这样的方向和目标去实现。例如，在生活中拥有汽车和洋房是很多人向往的方向和目标，为了实现这个方向和目标，很多人在为此而努力。三是强化和激励性功能，消费动机对消费行动还起着维持、强化和激励的作用。一般来说，动机越明显、越强烈，这种强化和激励性的功能也就越强。人的动机的性质是各种各样的，不同性质的动机，具有强度不同的推动力量。行动的方式、行动的坚持性和行动效果，在很大程度上受动机性质的制约，动机主要有以下六个方面的特性。

1. 消费动机的目的性

消费者头脑中一旦形成了具体的动机，即有了购买行为和消费活动的目的。消费动机和目的有时是一致的，对某种商品的消费，就其对人的推动作用来说，是消费动机；就其作为消费所要达到的预期结果而言，又可以是目的。在人的简单消费行动中，消费动机和目的常常表现出高度一致性。如饿了要吃饭，冷了要穿衣等，吃饭、穿衣既是消费动机，又是活动目的。在许多情形下，特别在比较复杂的消费活动中，消费动机和目的是有区别的。行动目的是消费所要达到的结果，而消费动机则反映人为什么要去达到这一结果的主观原因，正因为消费动机和目的之间存在着这种差别，所以人的同一种行动，尽管其目的是一样的，却可能因其不同动机而具有不同的心理内容，也可因其不同动机而获得不同的社会评价。

2. 消费动机的指向性

人从事任何活动，都是由于他有从事这一活动的愿望。愿望是人对其需要的一种体验形式，它总是指向未来的能够满足其需要的某种事物或行动。它既表现为想要追求某一事物或开始某一活动的意念，又表现为想要避开某一事物或停止某一活动的意念。愿望总是指向一定的对象，指向引起这种愿望并满足这种愿望的事物。当愿望所指向的对象激起人的活动时，反映这种对象的形象或观念就构成活动的动机。因此，凡是引起人去从事某种活动、指引活动去满足一定需要的愿望或意念，就是这种活动的动机。消费活动更是如此，消费者对即将实施的购买行为有明确的、具体的要求就是消费动机的指向性。

3. 消费动机的主动性

无论消费动机来源于消费者本人还是外部因素，消费动机一旦产生，消费者便会积极主动地搜集各种商品信息并选择购买方式。从性质上说，消费动机是由激情或思虑所引起的。由激情引起的消费动机所推动的消费行动是冲动的行动。消费者在进行这种行动时，一般对行动目的和后果缺乏清醒的认识，虽然也具有主动性，但缺乏理智的控制，往往不能持久。由思虑引起的消费动机所推动的购买行为是意志的行动，消费者对自己的消费目标和行动有着清醒的认识，并且为达到目的而积极主动地努力，这种主观能动性才是消费动机具有主动性的真实体现。

4. 消费动机的动力性

在消费动机的支配下，消费者会克服购买过程中出现的困难，追求自己所希望的体验，满足不同形式的需要。消费动机的动力性主要体现在不同的消费动机对消费者的意志行动过程有不同的作用和意义。比如，某些消费动机强烈而稳定，而另一些消费动机则微弱而不稳定。消费者最强烈、最稳定的消费动机成为他的主导动机。这种主导动机具有更大的激励作用，在其他因素相等的条件下，消费者采取与他的主导动机相符合的购买行为时，通常比较容易实现。设计心理学的任务不仅要研究这些消费动机的内容，更重要的是要探讨不同消费动机对人的购买行为的作用及其对设计活动的影响。

5. 消费动机的多样性

人的动机分为生理性动机和社会性动机两种。生理性动机主要指人作为生物性个体，由于生理的需要而产生的动机。社会性动机是指人在一定的社会、文化背景中成长和生活，通过各种各样的体验意识到自己的社会性需要，如交往性动机、威信性动机、地位性动机等。动机也可分为优势动机和辅助动机。一个行动是由种种不同的动机引起的，其中起最大作用的动机叫优势动机，其余的动机叫辅助动机。研究表明，不同的活动动机之下，社会性最丰富的消费动机能表现出最大的力量，社会性动机所产生的力量甚至会超过人的生物学本能。

6. 消费动机的组合性

消费者实施某种购买行为，可能出于多种消费动机。每一种消费动机对购买行为所起的作用有所不同，这种现象称为消费动机的组合性。例如，购买"海尔"电器的消费者可能是多种消费动机的组合，其中常见的消费动机如下：一是相信这种品牌的社会影响力；二是相信"海尔"电器具有良好的品质；三是因为"海尔"电器的维修和服务理念；四是邻居、同事、朋友购买了"海尔"电器，感到非常满意。在这四种消费动机中，第四种消费动机的作用最大、最直接。消费动机的组合性存在于各种商品的消费中。分析消费动机的组合及每一种消费动机对购买行为的不同影响，对于产品设计具有十分重要的意义。

2.2.3 消费动机的类型

动机是促使消费者发生购买行为的一个最基础、最重要的因素。与人的消费需要相对应，消费动机可分为自然性消费动机和社会性消费动机，或称物质性动机和精神性动机。按照不同动机的地位和所起的作用不同，消费动机又可分为主导性动机和从属性动机。无论消费动机怎样划分，有些消费动机是消费者实施购买行为时最基本的并且是普遍存在的原因和动力，称为基本消费动机；有些消费动机是消费者实施消费行为最主要、最直接的原因和动力，称为主导消费动机。

1. 基本消费动机

在消费者实际的购买过程中，同一个购买行为可能会出于多种不同的消费动机。一般来讲，个体购买产品的动机可以综合为如下八种。一是解决问题，消费者意识到现存的问题，去寻找解决该问题的产品，如天气很热，要购买空调。二是防备问题，预见到将来会有问题产生，去寻找适当的产品以防止问题的产生，如购买车辆的保险。三是不完全满足，感到对现有的产品不够满意，而去寻找更好的产品，如把低配置的计算机升级为高配置的计算机。四是动机冲突，对现有产品部分喜欢，部分不喜欢，而试图寻找更理想的产品，以解决内心的冲突，如把普通手机更换为具有语音交互功能的手机。五是正常消耗，物品用尽，家中无存货需要维持产品的正常供应，如购买日用化妆品。六是满足感觉，谋求更多的生理刺激，享受产品，如购买家庭影院设备。七是促进智力，重视智力开发，探讨或掌握新产品，如给孩子购买英语学习机。八是社会认可，寻求获得社会赞许和奖励的机会，购买符合潮流的产品，如购买苹果手机。消费者购买一件产品，动机可能不止一个，有可能是多个动机的组合。这种组合有时是并列的，有时是有主辅之分的。

2. 主导消费动机

主导消费动机在购买行为中起着直接的推动作用，由于主导消费动机不如基本消费动机那样普遍，需要依据商品类型和商品特性才能分析出这些主导消费动机。表2-2列出的是在四大类商品消费中，不同种类的消费者所具有的主导消费动机。

表 2-2　针对四大类商品消费的主导消费动机

商品类型	主导动机	说　　明
食品消费	实用型：新鲜、营养、健康、美味 方便型：烹饪、食用 癖好型：喜欢	生活水平的提高与生活节奏的加快，对食品消费动机影响最大
服装消费	美感型：颜色、设计、做工、流行 求新型：样式、材料、质地、个性 求名型：身份、地位	服装价格、品种和设计对服装消费动机的影响最大
电器消费	实用型：用途、操作、品质 美感型：外观、造型 求利型：价格	电器的价格、功能和设计对电器消费动机的影响最大
用品消费	实用型：用途、效果、品质 求美型：外观、包装、造型 求利型：价格	用品的效能、用途和设计，以及价格对用品消费的影响最大

在各种消费动机的组合中，一种消费动机可以直接促成一种购买行为，一种消费动机也可能促成多种购买行为；有时多种消费动机可以促成一种购买行为，多消费动机也可能促成多种购买行为。当然，有时由于多种因素的制约和影响，消费动机也可能不会促成购买行为。

2.2.4　消费动机的阻力

在消费动机向购买行为转化的过程中，任何影响、干扰、阻碍和限制消费动机向前发展的因素都称为消费阻力。消费阻力分为内部消费阻力和外部消费阻力，内部消费阻力主要包括消费信息、风险知觉意识、动机压抑、回避和演变，以及个性、生理、互动和能力因素等；外部消费阻力主要包括购买环节、商品品质、商品价格、营业环境、互动因素等。对于设计人员来讲，研究消费阻力比掌握消费动力更为重要。在具体的设计活动中，要了解消费阻力的主要来源，即了解消费动机的冲突、消费动机的压抑和消费动机的回避方面的内容。

1. 消费动机的冲突

当消费者同时出现两种及两种以上的消费动机，而不能全部得以实现，或者同一种消费动机可能带来不同的消费结果时，就会出现消费动机的冲突。在现实生活中，人们的消费动机是复杂多样的，购买行为受到多种条件的影响和限制。消费者的消费动机出现冲突是不可避免的，这也是消费过程中的一种正常现象。事实证明，消费者的任何购买行为，总是希望从消费行为中享受商品的价值，满足某种消费需要，但是消费活动也可能给消费者带来一些不利影响和不良后果。

2. 消费动机的压抑

消费者的消费行为受多种因素的影响和制约，并不是每一种具有积极效果的消费动机都能够产生购买行为。如果能够带来积极效果的消费动机不能得到满足，消费者本人就要控制自己的消费动机，即出现消费动机的压抑。消费动机的压抑是一种普遍现象，有消费动机的冲突必然就有消费动机的压抑。弗洛伊德、勒温、马斯洛等著名心理学家都曾经研究过动机的压抑问题。消费动机的压抑是消费者实施购买行为的第二大阻力。

消费动机压抑的原因，一方面在于消费者的购买能力；另一方面在于消费者对消费活动积极效果的认识程度。就个体消费者而言，消费动机的压抑可以转变为一种强大的生活动力和工作动力，推动消费者积极地工作，为满足各种消费动机积蓄力量、创造条件。当然，消费动机的压抑也要有一定的范围和限度，过分地压抑消费动机，容易使人对生活丧失信心，缺乏工作的动力，甚至会使人心灰意冷，导致各种违法和犯罪行为的产生。马斯洛在《人格与动机》一书中曾经谈到："如果人们最基本的需要得不到满足的话，会导致严重的心理疾病。"

3. 消费动机的回避

消费者主动约束自己的需要和动机，拒绝、回避、不购买或不消费特定商品与服务的现象称为消费回避。与消费动机的压抑不同，消费动机的回避是一种自觉的心理行为方式，表现为自觉地降低消费水平和消费动机的强度。产生消费动机回避的原因有很多，通常有商品本身的特点、消费者的消费观、消费经验、消费偏见、消费习惯、宗教信仰等方面的原因，其中最主要的原因就是消费者的消费观。与消费动机的冲突和压抑不同，消费动机的回避主要源于消费者内在的因素。

2.3 消费者决策与消费购买行为

消费者购买行为过程是消费者进行消费者决策、实施购买行为和进行消费体验的一系列心理过程。消费者决策是购买行为的前奏，是消费体验的基础。消费者决策在整个消费者购买行为中起着重要的作用，也是设计师在产品设计中关注的重点。

2.3.1 消费者决策的概念

消费者由于需要和动机的推动，做出最终购买决定的心理过程称为消费者决策。通常消费者在进行某一购买行为时会根据一些因素进行预先判断。这些基本因素包含的内容比较多，比如，自己的预算范围，所购商品的品牌、品质、性能等。不同消费者在不同产品的消费过程中，对以上因素的决策顺序、需要的时间是不同的。这是由消费者需要的迫切程度、消费动机的强度、消费者的性格特点、支付能力、准备状态等方面决定的。消费者在决策过程中主要考虑四个方面的问题，即是否真正需要该产品，产品质量是否有保证，该产品是否真正物有所值，消费后会有怎样的后果。所有这些问题或疑问，都会在不同程度上影响消费者的决策。

2.3.2 消费者决策理论

一个完整的消费心理与行为过程，包括从唤起消费需求、消费动机到消费态度形成与改变直至购买行为的产生，要经过一个由心理到行为的转换过程。对消费者决策的理论研究起源于美国，后来传入我国，现在已经成为经济学界研究的一个热点问题。比较经典的理论主要有消费者卷入理论和决策原则理论等。

1. 消费者卷入理论

消费者卷入理论是20世纪60年代美国消费者心理学、行为学专家提出的一个重要的消费者决策理论。它是关于消费者主观上感受商品、商品消费过程及商品消费环境等程度的一个理论。其主要内容是划分了高卷入消费者及低卷入消费者。消费者主观上对于购买因素的感受程度越深，表示对该商品的消费卷入程度越高，此类消费者就是"高卷入消费者"，该商品称为"高卷入商品"；反之，则称为"低卷入消费者"或"低卷入商品"。

例如，对消费者要购买一台电视机与购买一箱矿泉水的决策进行比较。前者需要消费者对商品的品质、功能、价格、消费环境等方面进行很高程度的关注，相对而言购买决策过程比较复杂，因此电视机属于高卷入商品。而消费者对后者一般不需要花费太长的时间与精力去了解商品功能与构成、消费环境一类的问题，因此其决策过程相对比较简单，矿泉水属于低卷入商品。由此可以看出，消费者卷入理论与商品属性有关，表2-3所示为消费者卷入与商品属性对照表。

表2-3 消费者卷入与商品属性对照表

消费者卷入	理智型商品	情感型商品	特　　点
低卷入商品	日常生活用品，如食品、饮料；日用品，如清洁用品、小家电等	化妆品、小型礼品、书籍等	卷入程度低，消费决策相对简单
高卷入商品	汽车、房子、大家电、计算机等	珠宝、首饰、工艺品、高级礼品	卷入程度高，消费决策相对复杂

消费者卷入不仅与商品的属性有关，还与消费者的兴趣息息相关。消费者的卷入是购买决策中的心理活动，它影响到消费者对于商品信息的搜集、对于商品性能的认识，并且最终

影响到消费者对于该商品的态度。因此，研究消费者的卷入现象，可以从侧面反映消费者对于商品的认知及态度。这一原理也可以反过来解释，即从消费者的态度及认知程度，可以反映出消费者对商品的卷入状态。例如，喜欢养花养鸟的消费者，可能需要定期或不定期地购买各种花鸟；购买养花养鸟所需要的基本物品，如花盆、鸟笼、肥料、食品等；为了科学地进行喂养，还需要经常购买一些相关的书籍与杂志，经常从电视中了解有关的知识。因此，这类消费者的高卷入商品包括花鸟、食品、肥料、书籍、杂志等。相对而言，其他商品如化妆品、电器等，其相关信息的卷入程度要低一些。表2-4所示为消费者卷入影响因素表。消费者卷入影响消费决策，一般而言，消费者卷入的程度越高，消费决策越难，但由于对商品的情感加深，容易形成对商品的品牌依恋；消费者卷入的程度越低，消费决策越容易，但由于对商品无情感可言，往往不能形成品牌依恋。

表2-4 消费者卷入影响因素表

卷入类型	说　　明	特　　性
商品因素卷入	由于对商品品牌、性能的感知	理智型消费
营销环境卷入	由于促销活动、广告宣传、服务态度、销售环境的影响，产生的对商品的感知	情感型消费
人际交往卷入	由于与他人的交流和沟通产生的对商品的感知	情感型消费
生活环境卷入	由于家庭生活、社会活动等产生的对商品的感知	理智型消费
消费者兴趣卷入	由于消费者爱好、特长等产生的对商品的感知	情感型消费

2. 决策原则理论

消费者的购买决策可以归结为四个基本的原则。

一是最大满意原则，就一般意义而言，消费者总是力求通过决策方案的选择、实施，取得最大效用，使某方面需要得到最大限度的满足。按照这一指导思想进行决策，即为最大满意原则。遵照最大满意原则，消费者将不惜代价追求决策方案和效果的尽善尽美，直至达到目标。最大满意原则只是一种理想化原则，现实中，人们往往以其他原则对其进行补充或代替。

二是相对满意原则，该原则认为，消费者面对多种多样的商品和瞬息万变的市场信息，不可能花费大量时间、金钱和精力去搜集制定最佳决策所需的全部信息，即使有可能，与所付代价相比也绝无必要。因此，在制定购买决策时，消费者只需做出相对合理的选择，达到相对满意即可，贯彻相对满意原则的关键是以较小的代价取得较大的效用。

三是遗憾最小原则，若以最大满意或相对满意作为正向决策原则，遗憾最小则可作为逆向决策原则。由于任何决策方案的后果都不可能达到绝对满意，都存在不同程度的遗憾，因此，有人主张以可能产生的遗憾最小作为决策的基本原则。运用此项原则进行决策时，消费者通常要估计各种方案可能产生的不良后果，比较其严重程度，从中选择情形最轻微的作为最终方案。遗憾最小原则的作用在于减小风险损失，缓解消费者因不满意而造成的心理失衡。

四是预期—满意原则，有些消费者在进行购买决策之前，已经预先形成对商品价格、质量、款式等方面的心理预期。消费者在对备选方案进行比较选择时，与个人的心理预期进行比较，从中选择与预期标准吻合度最高的作为最终决策方案，这时他运用的就是预期—满意原则。这一原则可大大缩小消费者的抉择范围，迅速、准确地发现拟选方案，加快决策进程。

2.3.3 消费者的购买决策分析

对消费者的购买决策进行分析，就是要分析消费者决策过程的特点、消费者决策的一般规则和影响消费者决策的因素。

1. 消费者的购买决策过程

消费者的购买行为有其发生、发展的过程。其行为的起点就是动机，其终点就是购买完成后的评价。消费者购买行为流程如图 2-7 所示。

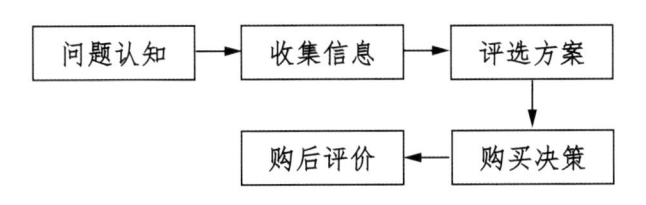

图 2-7 消费者购买行为流程

（1）问题认知

这里的问题指的是一种潜在的需要，它存在于实际状态与期望状态的差异之中，这种问题的存在并不一定被消费者认识到，当消费者认识到这种差异，并且这个差异足以唤起和促使其进入决策过程时，问题的认知就产生了。比如，对饥饿的问题认知，由于一段时间的饥饿使人体内的血糖水平降低，但是只要它保持在临界点上，个体就不会感到问题的存在，直到血糖低于临界点以下，大脑才会发出需要进食的信号。这时问题才会被感知到，潜在的需要才会被唤起。总之，问题的认知过程是与消费者的信息加工过程和动机形成过程密切联系的。消费者只有通过对来自内部和外部的所有信息进行加工，才能意识到问题的存在。

（2）收集信息

信息来源主要有四个方面：一是个人来源，如家庭、亲友、邻居、同事等；二是商业来源，如广告、推销员、分销商等；三是公共来源，如大众传播媒体、消费者组织等；四是经验来源，如操作、实验和使用产品的经验等。前三种是外部信息，后面一种属于内部信息。

一般而言，消费者所收集的信息包括两类，第一类是作为备选方案的产品品牌；第二类是评价这些品牌之间差异性的标准。以购买一台冰箱为例，消费者通过内部及外部信息的广泛收集，可初步认定海尔、西门子这两个品牌中有款式符合他的需要。另外，还要了解冰箱的其他性能，主要是最重视的性能的基本知识和规则，如用电情况、噪声情况等。

收集信息的详尽程度与消费者个体的人格特征有关。一种消费者主要依靠文本来认知事物，处理信息的方式是理性的信息加工方式，这类消费者就是学者鲁格曼定义的高介入消费者，对这类消费者可以采取高介入的媒体手段来进行销售策划。另一种消费者主要依靠图像对认知的作用，包括对符号的加工处理方式来确认事物，在实际促销中，低介入的媒体广告（如电视广告）对其有着较好的作用。

（3）评选方案

评选方案是消费者进行分析、评估和选择的过程，这是决策过程中的决定性环节。在决策的过程中存在着几种典型的心理现象，分别是价值心理、冲突心理和风险心理。

价值心理是决策中对产品价值的判定，也就是理性地分析是否用最小的付出得到了最能满足需要的产品。在实际的衡量和分析中，情况是比较复杂的。因为产品的风格、外形、价格、性能、服务等都是优劣并存的，一个产品不可能集所有优点于一身。到底哪些因素会确实打动消费者，这和消费者的生活观念及人格特点是分不开的。生活简朴的人会选择价格低、质量稳定的产品，追求时尚的人看重的是产品的风格。

在决策过程中，有些决策方案已经基本确定时，往往受到反对意见的影响，因而处于一种需要再次判定的心理状态，即冲突心理。

风险心理主要是担心决策的失误给生活和工作带来负面的影响。消费决策中的风险包括功能风险、质量风险、经济风险、心理风险和时间风险等。功能风险是担心所购的产品是否能实现预期的功能；质量风险是担心所购产品的质量是否可以得到保证；经济风险是担心所购产品的价格是否符合它的价值；心理风险主要是担心所购产品是否符合时尚，是否与自己的身份相符等。这些风险是消费者在进行决策时必须考虑的，而其中的一些因素成为消费者是否购买此产品的重要依据。如果一个方案中的产品克服了其他产品所带来的几种风险，那么就会促使消费者选择此产品。

（4）购买决策

消费者经过对备选产品的评价已经形成购买某具体产品的意图。一般情况下，能够顺利完成决策。但如果发生意外情况，如失业、产品涨价等，则消费者很可能会改变购买意图。购买实际行为的产生和购买地点、购买时间、购买数量、购买方式有关。根据购买方式不同，还可以把实际购买分为重复购买、冲动购买和无计划购买。

（5）购后评价

消费者在购买产品后进入到使用产品阶段。实际的使用意味着会把购入产品的实际工作性能同选择的标准做比较，从而再次对以前的决策进行评判，并把最终信息存储在记忆中，作为以后选择的经验。在此过程中，消费者在购入产品以前对产品的预期是很重要的评判标准。

通过对产品的使用，消费者感觉产品达到了自己的预期，就会对产品持满意的态度；如果原来对产品的期望值很高，而实际的使用效果并不好，消费者就会产生心理落差，并对产品持不满意的态度。

消费者对产品的期望值与消费者的个性特征及企业对产品的宣传有关。有的产品的广告夸大其词，让人对其抱有很高的期望值。虽然在短期内这种产品的销售量会快速提高，但在一段时间后，消费者的不满意度就会升高。这种状态不利于产品品牌的培养及产品后续的发展。

2. 消费者购买决策的特点

（1）感性和理性的协调

在现实生活中，完全理性消费是不现实的，由于受消费经验、消费习惯和适应能力，世界观、人生观和价值观，以及知识、阅历、环境的制约，消费者常常是在一个并不完全理想的环境中进行决策的，在这个环境中他们并不能单纯地依靠理性思维的方式做出决策。消费者有时会搜寻类似产品的信息并选择一个看起来令自己满意的产品，有时也会冲动地选择一个满足当时心境或情绪的产品，因此购买决策是一个感性和理性相协调的过程。

（2）简单化和复杂化的统一

根据对消费者行为的描述，消费者购买决策过程是一个简单的线性过程，这个过程包含消费需要、消费动机、信息收集、实施购买四个阶段。同时，消费者做出购买决策也是一个复杂的过程，是消费者心理、社会、文化及经济因素的综合表现。

（3）多元化和主导性的结合

消费者在日常生活中通常具有多元化的购买需要，购买一种商品也不会只追求一个方面的满足。但在多元化的需要中总有主次之分，主要考虑的需要往往成为购买商品的首选标准或关注点，因此消费者的购买行为常常是消费需求的多元化与购买行为的主导性的结合。

2.3.4　有利于购买行为产生的促销策略

在整个购买行为中，要想促使购买行为发生，必须提供促进购买行为发生的有利条件。除了对消费群体的了解外，还可以通过设计干预来强化刺激物，促使消费动机的形成，并让消费者尽可能多地了解产品，促使购买行为的发生。设计干预的对象可以是广告、环境、包装及产品本身的设计等。

1. 提高产品感性因素的表现

产品是购买行为的对象，购买行为中所有个体的心理和行为都是紧紧围绕着产品进行的。

作为核心的因素，一定要提供良好的产品形象。人们越来越注重对产品外观的感受，产品的外观新颖、有创意对冲动型消费者的影响更大一些。如图2-8、图2-9所示的哆啦A梦手机，它采用小朋友感兴趣的卡通人物造型，活泼生动，色彩鲜明，给小朋友一定的视觉冲击力，对其购买行为的产生有着直接的影响。

图2-8　哆啦A梦手机 　　　　图2-9　哆啦A梦手机界面

2. 提高产品包装设计、广告设计的吸引力

产品的包装设计也是广义产品设计的一部分，包装的设计要和产品造型统一，突出产品的定位及特色，并且要符合产品面向消费群体的心理特征。图2-10、图2-11所示就是与哆啦A梦手机相符合的包装设计及系列辅助产品。

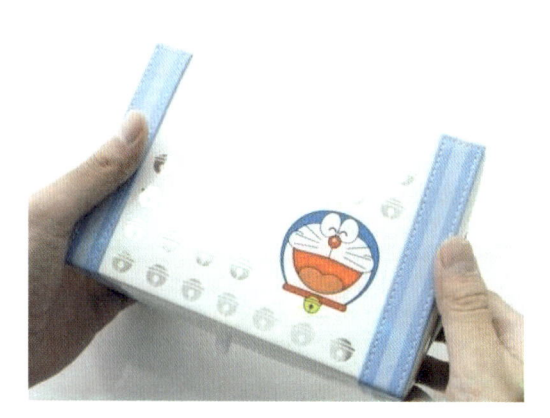

图2-10　哆啦A梦手机外包装 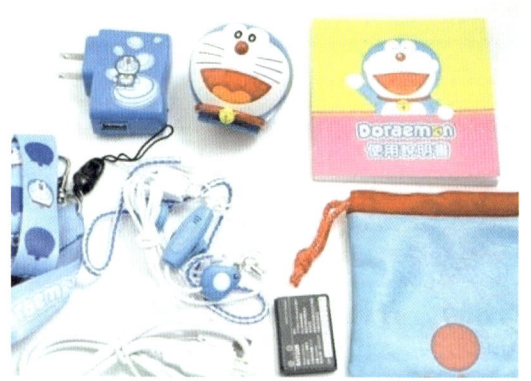　　　　图2-11　哆啦A梦手机辅助产品

对于不同的消费者分类，广告可以采用不同的策略形式来对其购买行为进行影响。比如，为高介入消费者提供充足的关于产品性能特点的信息；为低介入消费者提供感性直观的画面，使其产生心理共鸣，并且在广告中突出产品的品质及其定位优势。如图2-12所示为路虎越野车的广告图片。"让我们去抚摸蓝天白云"，车的休闲主题品质展现无遗，给热爱室外活动的消费者以强烈的心理共鸣感受。

图 2-12　路虎越野车的广告图片

3. 改善物质环境的情景设计

影响决策的各种因素不是一成不变的，它是随着时间、地点、环境的变化不断发生变化的。同一个消费者的消费决策具有明显的情景性，即消费者的具体决策方式因所处情景不同而不同，因而提供一个有利于购买的良好的环境是十分重要的。

物质环境是一种得到广泛认可的情景影响。它包括装饰、音响、气味、灯光、气候及可见或其他环绕在刺激物周围的有形物质。例如，店铺的内部装修通常设计成能激发购物者产生某种具体情感，以便对购买起到信息提示或强化作用。如图 2-13 所示，这样的店铺装修设计可以引导消费者的视线。另外，一些因素对提高消费者的注意力有较大帮助，比如，颜色对于营造购物气氛有很重要的作用。已经有证据证明，气味能对消费者的购物行为产生正面

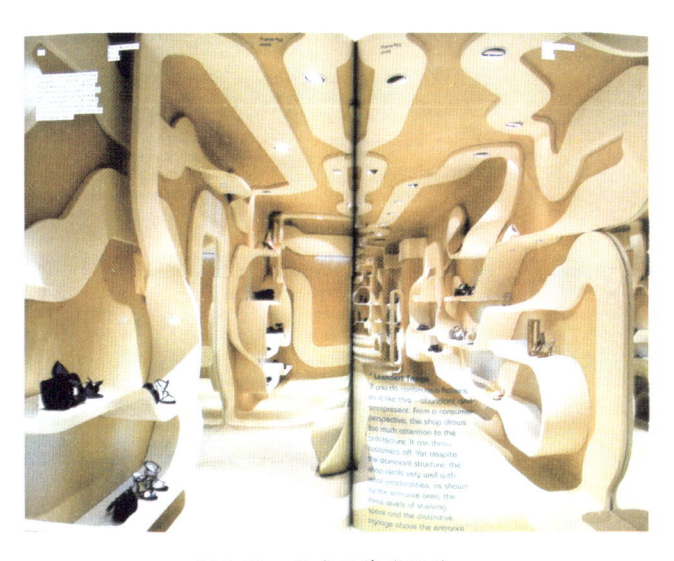

图 2-13　鞋店的装修设计

的影响。音乐可以舒缓人的情绪，情绪可以直接影响购买行为，而选取的音乐要与产品所要表现的风格特点等因素相符。在优雅的环境中，悦耳的音乐在流淌，配合适当的灯光，这样的购物环境能给消费者带来愉悦的心理感受。在愉快的心情下，消费者易于接受新的产品。

4. 提高消费者的参与度

如果参与到一个产品的相关行动之中，人们就会加深对产品的认知。随着认知的加深，就会产生信任感，这正是促销所要达到的目的。而最好的行动就是体验，消费者的亲身消费体验往往最容易使人信服，最能促动消费欲望。

运用体验促销的方法多种多样，主要包括样品派送、免费试用和现场体验三大类。样品派送是企业将产品样品免费赠予顾客，比如，玉兰油的小包旅行装化妆品的派送。免费试用是将产品借给顾客，让顾客使用一段时间，然后收回的促销活动，比如，小天鹅推行的30天免费试用洗碗机活动。这些体验容易吸引消费者参与，同时也让消费者有较多的时间"深刻"体验产品的品质和特点，但缺点是促销活动的成本和费用较高，促销效果不尽如人意。现场体验是在某个现场范围内鼓励消费者免费享用产品的一种促销方法。比如，生产绞肉机、榨汁机的企业经常在销售现场鼓励消费者体验一下用机器绞肉和榨汁的感觉。一旦家庭主妇体验到绞肉机及榨汁机使用的方便性，她们就会慷慨解囊。这些现场体验的方法通过让消费者参与，为产品聚集了人气，扩大了知名度和可信度，因而是一种节约费用、行之有效的好方法。

2.4 市场细分下的心理分析与产品设计

市场细分的概念是美国市场学家温德尔·史密斯（Wendell R.Smith）于1956年提出来的。按照不同的因素把市场进行细分，依据细分的市场有针对性地设计产品，能更好地满足消费者的需求。

2.4.1 市场细分

市场细分（market segmentation）是根据消费者需求的不同，把整个市场划分成不同的消费者群的过程。进行市场细分的主要依据是异质市场中需求一致的顾客群，实质就是在异质市场中求同质。市场细分的目标是聚合，即在需求不同的市场中把需求相同的消费者聚合到一起。

1. 市场细分的分类

依据地理环境因素、人口统计因素、消费心理因素、消费行为因素、消费受益因素等不同要素，市场细分可分为地理细分、人口细分、心理细分、行为细分、受益细分等五种基本形式。地理细分是依据国家、地区、城市、农村、气候、地形等进行市场细分。人口细分是依据年龄、性别、职业、收入、教育、家庭人口、家庭类型、家庭生命周期、国籍、民族、宗教等进行市场细分。心理细分是依据社会阶层、生活方式、个性等进行市场细分。行为细分的依据是时机、追求利益、使用者地位、产品使用率、忠诚程度、购买准备阶段、态度等。受益细分的依据是追求的具体利益、产品带来的益处，如质量、价格、品位等。

2. 市场细分的步骤

（1）选定产品市场范围

明确自己在某行业中的产品市场范围，并以此作为制定市场开拓战略的依据。

（2）列举潜在顾客的需求

从地理、人口、心理等方面列出影响产品市场需求和顾客购买行为的各项变数。

（3）分析潜在顾客的不同需求

对不同的潜在顾客进行抽样调查，并对所列出的需求变数进行评价，了解顾客的共同需求。

（4）制定相应的营销策略

调查、分析、评估各细分市场，最终确定可进入的细分市场，并制定相应的策略。

对企业来讲，可以根据细分人群的特点及行为喜好的方式来确定产品的营销方式和方法，从而促使销售量的增加，给企业带来利润。下面就是一个通过市场细分成功推广产品的案例。

在20世纪60年代末，美国米勒啤酒公司在美国啤酒业排名第八，市场份额仅为8%，与百威、蓝带等知名品牌相距甚远。为了改变这种状况，米勒公司决定采取积极进攻的市场战略。通过市场调查发现，若按使用率对啤酒市场进行细分，啤酒饮用者可细分为轻度饮用者和重度饮用者，而前者人数虽多，但饮用量却只有后者的1/8。另外，重度饮用者有以下特征：多是蓝领阶层；每天看电视3小时以上；爱好体育运动。米勒公司决定把目标市场定在重度使用者身上，并对米勒的"海雷夫"牌啤酒重新进行定位。首先重新定位广告。他们在电视台特约了一个"米勒天地"的栏目，广告主题变成了"你有多少时间，我们就有多少啤酒"。广告画面中出现了许多激动人心的场面，船员们神情专注地在迷雾中驾驶轮船，年轻人骑着摩托冲下陡坡，钻井工人奋力止住井喷等。"海雷夫"的重新定位战略最终取得了很大的成功，到1978年，这个牌子的啤酒年销售达2000万箱，仅次于AB公司的百威啤酒，在美国名列第二。

对于产品设计来讲，一般通过市场细分，如人口细分、心理细分等确定产品设计服务的人群，并对这些人群进行调查。在调查中可以针对这一人群对产品的期望、市场的需求、动机、人群的价值观念、心理特征、思维方式、行为习惯等进行分析，从而得到有益于设计的信息并将其应用于设计。手机的细分人群及他们选择音乐手机的关键点分析如表2-5所示。

表2-5 手机的细分人群及他们选择音乐手机的关键点分析

音乐手机的消费群体划分	选择音乐手机的关键点
商务人士	倾向内存大、音效好、外观简洁、颜色稳重
时尚群体	外观造型个性，颜色时尚，机型薄
学生群体	颜色跳跃，流线造型，声音大，屏幕大，播放按键突出
音乐女性	造型柔美，机型小巧精致，颜色与时尚的搭配
专业级群体	专业性高，音质要求高，各种功能全

市场细分有着很重要的作用。首先，市场细分有利于设计中的产品定位。由于目标明确，调查结果更符合细分群体的各方面特点，从而设计能够实现定位准确，符合程度高。其次，通过市场细分可以提高消费者或使用者的满意度。在产品的设计过程中，设计充分考虑细分人群的需求、动机及消费特点，使得设计出的产品更符合市场规律，让消费者更满意。在产品后期的使用过程中，由于产品的外观、结构是面对细分人群的认知特点、行动特点来设计的，所以产品操作简便易行。最后，通过市场细分可以增加企业的利润。依据市场细分设计的产品适销对路，销售状况更好，从而加快了商品流转，降低了企业的生产销售成本，促进了企业经济效益的提高。

2.4.2 不同性别的消费者心理与产品设计

男性与女性由于先天的生理构造及后天在社会中承担的责任不同，其心理活动差别很大。曾经有一句话说"男人来自火星，女人来自金星"，男女的差别之大可以略见一斑。男女性别的差异主要表现在记忆、思维和情绪这三个方面。在记忆上，女性擅长描述性的记忆、情绪性的记忆，识别记忆的方式大多用机械记忆，而男性侧重逻辑思维性的记忆，大多采用理解记忆的方式。在思维上，女性有较好的形象思维能力，而男性有较强的描述能力和逻辑推理能力。在情绪上，大多数女性胆小、怯懦并多虑，而男性大胆、勇敢并果断。另外，女性情绪稳定性差，易受暗示，遵从性强。两性的个性差异中，男性比女性更具攻击性、支配性，女性比男性更富同情心。总而言之，男性趋于理性，女性趋于感性。

1. 女性的消费心理特点

在市场消费中，女性一直充当着重要的角色。因为市场上的大部分商品都是通过女性的购买进入家庭的，特别是服装。据统计，在消费活动中有较大影响的中青年女性约占人口总数的21%。她们不仅对自己所需的消费品进行购买，也是绝大多数儿童用品、老人用品、男性用品、家庭用品的购买者。女性在购买产品时，有着不同于男性的消费心理特征，具体表现在以下几个方面。

（1）爱美心理强烈，注重产品的外观和感受

女性有强烈的爱美、求美的心理，这使她们特别注重产品的外观形象。据统计，女性对产品的购买行为主要来源于外观美感和情感作用，也容易受到情景性广告的影响。另外，对美的追求使女性对流行时尚特别敏感，时尚美观的产品对她们有很强的吸引力。并且女性联想丰富，购买一件满意的产品后更容易进行连续购买。在对产品外观的要求上，女性倾向于造型柔和、色彩艳丽或者淡雅、装饰性强及富有情感表现的图案和造型。

（2）注重产品的实用性，对产品的价格敏感

大多数已婚女性在现代家庭中掌握了消费的主动权。她们购买产品一般注重经济实惠，对商家的优惠促销会表现出浓厚的兴趣。

（3）购买产品的方式为精挑细选

女性心思细腻，对新颖的产品有着天生的热情。在购买一件产品时往往要看过多种同类品牌的产品，才做出最后的购买决策。她们愿意花费大量时间来进行产品的挑选，在挑选过程中充分享受购物的乐趣。

（4）自信心不强，在购买决策时容易受别人影响，有从众心理

在购买产品时，女性面对琳琅满目的商品往往犹豫不决，而且在购物过程中，和同伴一起去挑选的情况较多。另外，她们在购买产品后，一旦得不到周围同事或家人的肯定，就会对产品进行退换处理。

（5）乐于参与购买活动，并具备一定的传播性

"女人天生都是购物狂""女人的衣柜里永远缺少一件衣服"，这些话语都说明女人把购物当作乐趣。即使没有一定的购买任务，她们也愿意去商场闲逛，以了解当今的时尚流行趋势，来满足自己的心理需求。在购买一件满意的产品后，女性可以迅速转变为产品的宣传者。因为女性有较强的表达能力、感染能力和传播能力，所以一些产品可以通过对话、聊天的方式迅速传播。

如图2-14所示是一款依据女性心理特点而设计的便携式慢炖锅。因为在家庭中，与厨房用品接触较多的是女性，所以设计师特意将炖锅设计成圆润的造型，并配有色彩淡雅的复古花纹，给人以柔美的感觉。图2-15所示是护士杰米推出的一款女性面部美容仪。此美容仪外观造型圆润、简洁，操作界面直观，主体色调为高雅的紫色，整体上体现了女性产品的清新和柔美。当然，对于以上产品的市场销售，也要充分考虑女性购买方式和决策上的特点来进行产品的营销。

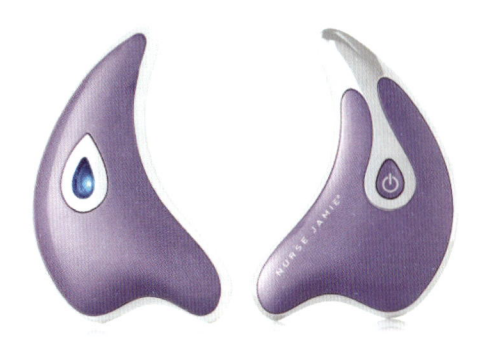

图 2-14　便携式慢炖锅　　　　　　　　　图 2-15　女性面部美容仪

2. 男性的消费心理特点

男性在家庭中所承担的责任和义务与女性不同，加之社会文化对男性的要求不同，使得男性在消费心理方面存在以下特点。

（1）男性消费动机形成迅速、果断、理性

男性在购买商品时，往往具有明确的目标。在购买过程中动机形成迅速，对自己的选择表现出很强的自信心。许多男性消费者不喜欢花费很多时间去比较、选择。即使买到的产品有一定的小问题，也不愿去追究。

（2）购买具有被动性、求便性

一般而言，男性购买活动较少，购买动机往往是在缺少的情况下形成的，比较被动。男性的求便心理比较突出。男性消费者购买小商品时喜欢在居住地附近购买，并倾向于做一次性购买。男性喜欢便捷、迅速的购物方式，因而讨厌排队等消耗时间的购买过程。

（3）自尊心强，关注品牌产品，受价格影响小

男性有强烈的自尊心，在购买产品的过程中较少征求别人的意见。品牌代表了一定的品位和质的属性，往往是一定社会身份的识别特征。这符合社会中乐于表现自己强大的男性心理特征。所以品牌产品的价格即使高出一般产品的价格很多，男性也乐于接受。

（4）愿意为满足自己的癖好消费

男性往往有自己一定的癖好，他们愿意为自己的癖好付出更多的时间和金钱。比如，特别喜欢钓鱼的男性消费者，他们对鱼竿的购买就不惜代价。另外，男性好动，攻击性强，一般对于运动类产品也特别青睐。

以上男性的消费心理特征及购买特征决定了男性使用的产品一定是能够展现其男子气概、造型刚硬、使用方便、质感突出的这一类产品。另外，由于男性思维较理性，他们对于科技含量高、能表现技术美的产品也易于接受。如图 2-16、图 2-17 所示，这些产品的造型及使用特征就符合男性的心理特点。

图 2-16　电动剃须刀　　　　图 2-17　卡地亚机械手表

2.4.3　不同年龄的消费者心理与产品设计

1. 儿童的消费心理与产品设计

儿童一般指 12 岁以前的这一群体。他们的消费内容在很大程度上由成人做出选择，而他们的购买能力和购买意愿也都不同程度地依赖家长的协助。儿童的消费容易受到一系列外部环境因素的影响，其消费心理和消费行为变化幅度较大。概括地说，儿童这一群体的购买动机主要体现在以下几个方面。

（1）重视玩具的外观

低龄儿童对玩具的认识主要由直观刺激引起，因而他们特别喜欢造型简单，色彩明快、鲜艳的物品。

（2）从纯生理性需要发展为带有社会性的需要

儿童在 0～6 岁之间，主要消费需要表现为生理性的。随着年龄的逐步增长，他们在学习及接触大量的外界信息后，对使用的物品有更多的主动意识，并具有一定的抽象思维能力，对物品的判断能力也逐步提高。因而他们的消费需要也逐步发展成为有自我意识加入的社会性需要。比如，处于幼儿期、学龄期的儿童，已经有了一定的购买意识，并可以对父母的购买决策产生影响。

（3）从模仿性消费发展为带有个性特点的消费

模仿是儿童的天性，模仿性消费也是儿童最初的消费模式。随着年龄的增长和自我意识的不断提高，这种模仿性消费逐渐被有个性特点的消费所代替。"与众不同"的意识或"比别人强"的意识常常影响他们的消费行为，并且在购买过程中也开始出现一定的动机、目标与意向。

（4）从消费情绪不稳定发展到比较稳定

儿童的消费情绪是极不稳定的，易受他人感染。随着年龄的增长，他们控制自己情感的能力不断增强，其消费情绪也开始逐渐稳定，并在购物过程中表现出一定的消费偏好。

儿童在成长的过程中，有着和成人不同的心理特征，这些心理特征在认知和行为方面主要表现为以下几点。首先，儿童个性活泼，喜欢冒险，对新鲜事物充满探索精神，喜欢亮丽的色彩和卡通人物形象。其次，在产品使用过程中，儿童注意力不能长时间集中，操作动作不精确，不太注重安全性。依据这些心理特征和消费特点，设计师在进行儿童产品设计时应注意以下问题。第一，产品造型要有感染力，可以适当借助卡通人物形象来表现。第二，产品色彩要鲜艳，易于吸引孩子的视线。第三，在操作上，可以采用有趣味性的操作过程与声音进行引导。第四，产品按钮的尺寸要大一些，符合儿童身体发育特征。第五，注重产品材料的环保性及整体产品的安全性。图 2-18 所示是 Trunki 儿童系列手提旅行箱，它们以可爱的外形和色彩赢得全球小朋友的喜爱。图 2-19 所示是一款适合儿童使用的耳机，此款耳机外形可爱、材质柔软、色彩鲜明，符合儿童的心理特征对产品的要求。

图 2-18　Trunki 儿童系列手提旅行箱　　　　图 2-19　儿童耳机

2. 青少年的消费心理与产品设计

青少年期包括少年期和青年期，这是人生最活跃的时期。少年期是人从儿童期向青年期过渡的时期。这一时期的少年在生理上逐渐趋于成熟，心理上也有了很大的变化。其特征表现为被尊重的需求增强，逻辑思维能力增强，处于一个依赖与独立、成熟与幼稚、自觉性与被动性同时存在的矛盾的统一体中。

少年期的消费特点具体有以下几点。第一，独立性逐步显现，好奇心较强，自己的喜好标准也在逐步形成。第二，消费具有一定的同调性，同时也具有一定的炫耀欲。喜欢与周围的同伴比较，别人有的自己也要有；有了自己喜欢的东西也要给同伴炫耀一下。第三，消费由受家庭的影响逐步转向受社会影响。他们对于社会的信息更易于接受，对家庭的建议反而会有逆反心理。第四，对于产品的品牌有了初步的认识，并会在同一群体中有追求品牌的意识。

少年期是人生观逐步形成的时期，更容易接受新事物。因而如果在这一时期培养他们对某一品牌的认知度，在未来的时间里就会得到丰厚的回报。比如，索尼公司就进行了这方面的尝试。索尼投资兴建了一个 1500m² 左右的体验馆——"索尼探梦"。在索尼探梦体验馆内，参观者可以亲手逗弄索尼的新一代"爱宝"智能狗，欣赏各式各样的数字化产品，充分体验数字化生活方式带来的无限享受。同时，也可以亲手使用 SonyVAIO 电脑在数码工作室参加各项丰富多彩的现场活动。消费者可以在这里长时间玩乐、体验，而无须面对销售人员。在"索尼探梦"的体验产品中，相当一部分产品是未量产的概念性产品。"索尼探梦"把自己的目标群体定位在青少年，就是希望这一年龄段的孩子，借助亲身体验索尼产品，从小就信任索尼这个品牌，长大之后，他们自然而然地就会成为索尼产品的消费者。

青年时期的消费者心理上已经较为成熟，思想上也极为活跃，他们对未来充满希望和憧憬。这个时期的青年，其消费和心理特征主要表现在以下几个方面。第一，追求时尚，引领时尚潮流。他们对任何新事物、新知识都感到新奇，渴望并大胆追求。在购买产品时比较情感化，较为冲动。第二，追求个性，表现自我。他们追求个性独立，希望确立自我价值，形成完美个性形象。他们非常喜爱个性化的产品，并希望通过所选购的产品来充分展现自我。第三，在接受产品信息的媒体上倾向于网络。网络的普及使青年的消费和购物越来越多地借助于网络来完成。

下面两款产品就是专门为青少年设计的产品。图 2-20 所示是一款任天堂（Nintendo）Switch NS 掌上游戏机。此游戏机造型特别、色彩明快，采用模块化思路，两端游戏手柄可以组合或分开。这款产品的外观与功能都符合现代青少年崇尚个性时尚、易于分享的心理特征，因而这款产品对青少年充满吸引力。图 2-21 所示是一款时尚立得拍照相机。

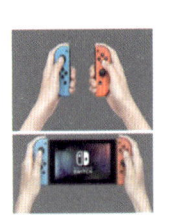

图 2-20　任天堂（Nintendo）Switch NS 掌上游戏机　　　　图 2-21　立得拍照相机

3. 中年人的消费心理与产品设计

由于中年人的心理已经成熟，个性表现比较稳定，他们很少感情用事，做事有原则，有自己较为稳定的理性处理问题的方式。中年人的这一心理特征在他们的购买行为中也有相同的表现。

（1）购买的理智性胜于冲动性

中年人在选购商品时，很少受商品的外观因素影响，而是比较注重商品的内在质量和性能。他们往往经过分析比较后才做出购买决定。他们尽量使自己的购买行为合理、正确、可行，很少有冲动、随意购买的行为。

（2）购买的计划性多于盲目性

他们常常对商品的品牌、价位、性能要求乃至购买的时间、地点都进行妥善安排，做到心中有数，对不需要和不合适的商品一般不会购买，很少有计划外开支和即兴购买。

（3）购买求实用，节俭心理较强

中年人是社会的中坚力量，在家庭中肩负着主要的责任。上有父母要赡养，下有孩子要教育，这使得大多数中年人在购买商品时考虑的因素比较实际。因此，中年人更多关注的是产品的结构是否合理，使用是否方便，价格是否合理，产品是否耐用等方面。产品的实际效用、合适的价格与较好外观的统一，是引起中年消费者购买产品的主要动机。

（4）购买有主见，较少受外界影响

中年人的购买行为不仅具有理智性和计划性，还具有独立性。这就使他们在购买产品过程中表现得很有主见。他们经验丰富，对商品的鉴别能力很强，大多愿意挑选自己喜欢的商品。另外，中年人对于广告一类的宣传有很强的评判能力，购买产品过程中很少受广告宣传的影响。

为中年人所做的产品设计要沉稳大方，不要有过多的装饰，要注重产品的便捷性、实用性。另外，中年人比较注重产品是否符合自己所在阶层，产品能否代表自己的身份。特别是一些商务人士对产品的这些方面要求比较高。如图 2-22 所示就是一款设计沉稳的商务手机。如图 2-23 所示是一款给中年人带来洗衣便捷的大视窗松下洗衣机。

图 2-22　商务手机　　　　　　　图 2-23　松下洗衣机

4. 老年人的消费心理与产品设计

世界范围内的老年人的数量在逐年提升，以中国为例，国家统计局发布的《2018 年国民经济和社会发展统计公报》显示，2018 年年末，我国 60 周岁及以上人数为 24 949 万人，约占总人口比重的 17.9%。60 周岁及以上人口首次超过了 0～15 岁的人口。中国老年人口占世界总量的 1/5，人口老龄化给经济、社会、政治、文化、科技等方面的发展带来了深刻影响。以后社会上将有更多的老人，设计者也应该进一步思考怎样为老人做更好的设计。

老年消费者由于在生理和心理上不可避免地走向衰变，其在购买心理和行为上普遍存在以下特点。第一，对产品追求物美价廉、方便实用。老年人心理稳定程度高，注重实际，较少幻想。在购买过程中，要求提供方便、良好的环境条件和服务。第二，老年人注重产品的使用性能，对于商家降价、折扣或赠品的促销比较感兴趣。第三，具有一定的心理定势，对长期形成的购买方式、购买场所、购买品牌等不轻易改变。这是由老年人不太容易接受新事物造成的。

老年人面对生理衰老的不可抗事实时，很多时候会出现心理波动。他们希望外界对于自己的看法是正面的，希望自己有社会存在价值等。这一点体现在日常生活中，表现为他们希望自己自食其力，尽量不借助外界帮助等。但这与其身体机能逐步衰退的事实是相矛盾的。要想解决这两者之间的矛盾，在一定程度上可以通过设计来帮助老年人实现自主的生活。也就是说，为老年人设计的产品要充分考虑其心理特征、认知模式与动作特点。在具体设计产品时应考虑到老年人的特殊需求、行动缓慢的特点、认知方面的变化，避免造成意外伤害，将老年人的危险或意外行为所导致的不利影响降至最低。产品外观造型方面要求容易感知，即产品在色彩、造型、界面等视觉方面应及时传达必要的信息。例如，针对老年人对颜色的辨别能力减弱的问题，在设计产品时应采用颜色单一、明亮的文字图案，提高字号，加大字间距等方法来减轻老年人的识别困难，及时传达操作信息和功能信息。如图 2-24 所示就是一款设计简单适合老年人使用的手机。图 2-25 所示是符合老年人行动特点，功能实用的助行车。

图 2-24　老年人手机　　　　　图 2-25　老年人助行车

老年群体由于生活环境、家庭背景、受教育程度的不同，群体内部也存在着需求的差异性和多样性。适合现代老龄化社会的老年产品不仅要满足老年人普遍存在的心理需求，还应挖掘老年人的隐性心理需求，以适应现代老年人不断变化的生活需求。在产品设计方面，可以适当增加个性化设计和产品功能方面的弹性设计以适应老年人需求的变化。例如，产品可以根据老年人使用情况的变化规律，通过预先设置产品的尺寸、功能等设计，来满足不同能力的老年人的需求。另外，产品也可以设计成多种使用方式以供选择，动态地适应老年人的需求变化。

为了满足老年人努力追求社会认同感的心理需求，帮助老年人更加方便地使用移动互联网，设计师依托现代触屏技术，根据老年人操作特点设计了按键区域大且整体屏幕也较大的老年人智能手机（见图 2-26）。如图 2-27 所示是英国 Priestman Goode 工作室设计的一款适合任何年龄人士使用的时尚滑板购物车——Scooter for Life。这款购物车是一款滑板车结合购物篮的时尚产品。产品问世后，老年人对此时尚产品表现出了极高的热情。这款时尚滑板购物车不但能够促使老年人积极运动，还可以让老年人体验到滑板与购物结合的生活乐趣。

图 2-26　老年人智能手机

图 2-27　时尚滑板购物车

复习思考题

1. 马斯洛的需要层次论的主要内容是什么？
2. 分析人们购买手机的动机。
3. 消费者购买产品的决策过程是怎样的？
4. 对于一款儿童早教机，怎样做到符合儿童的心理特点和他的操作方式？
5. 设计一款女性产品并说明哪些要素符合女性消费心理。

第3章 设计基本理论

本章重点

- 感觉和知觉的概念
- 用户操作过程中的知觉种类
- 注意、记忆及思维的概念及产品界面设计的原则
- 以用户为中心的心理模型的建立
- 用户出错的类型及避免设计出错的设计原则

学习目的

- 通过本章的学习，明确用户操作产品的过程既是知觉的过程又是认知的过程；并通过调查建立起以用户为中心的心理模型；依据此心理模型设计的产品能够符合用户的操作及认知需要。

使用产品的人称为用户。研究用户心理是设计心理学中的一个重点内容。用户操作产品的过程是一个复杂的心理过程，此过程中涉及用户的感知、注意、记忆、思维等概念。一个好的产品应该是易于使用、符合用户认知的产品。要做到这一点，设计师必须通过对用户心理的研究，运用适合的设计调查方法，建立符合用户心理的产品的思维模型和任务模型，在产品的形态结构中提供有利于操作行动的条件，给予用户正确的引导。

3.1 感觉系统

人对客观事物的认识是从感觉开始的，它是最简单的认识形式。感觉还可以是一种心理体验。在感觉的基础上可以产生高一级的心理过程，如知觉、记忆、思维等。

3.1.1 感觉的概念

感觉来源于感官接收的信息，是由简单而孤立的实际刺激所产生的。它是当即的、直接的、定性的经验，是对事物个别属性的反映。当一台电视作用于我们的感觉器官时，我们通过视觉可以看到它的颜色、形状；通过听觉可以听到它所播放的节目；通过触觉可以触摸到它的表面光滑程度。这些都说明对客观事物的各种感觉使我们可以认识到事物的各种属性。人们产生的感觉首先来自刺激。人们身体中各个感觉器官或感受器接收身体内外环境的各种刺激，将刺激转变为神经冲动信息，这些信息借感觉神经传入中枢，经过大脑复杂的信息处理，产生感觉。收集这些信息的身体器官就是感受器。感受器是由许多能够完成感受功能的细胞构成的，如图 3-1 所示就是各种感受器的细胞形状。

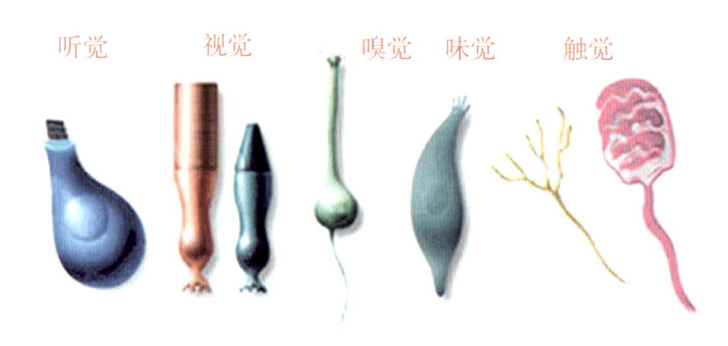

图 3-1 各种感受器的细胞形状

要使观察者感觉到一个刺激，刺激必须具备必要的物理能量，这种最小物理能量称为绝对阈限。1954 年，加拿大科学家做了一个实验。他们让志愿者戴上半透明的塑料眼罩、纸板做的套袖和厚厚的棉手套，躺在一张床上什么也不用做（除了吃饭和上厕所），完成规定时间后可以给志愿者丰厚的报酬。但仅过几天，志愿者们就纷纷退出。因为他们感到非常难受，根本不能进行清晰的思考，即使是在很短的时间内注意力也无法集中，思维活动似乎总是"跳来跳去"。另外，50% 的人出现了视幻觉、听幻觉和触幻觉。这就是心理学上著名的"感觉剥夺"实验。这个实验证明：丰富的、多变的环境刺激是人生存的必要条件。人的身心要想保持在正常的状态，就需要不断地从外界获得刺激。在被剥夺感觉后，人会产生难以忍受的痛苦，各种心理功能将受到不同程度的损伤。

对于产品设计来讲，不同性别、不同年龄的人群对刺激的需求是不一样的。比如，儿童产品色彩丰富亮丽，这是由儿童的视觉特点决定的，因为只有在较强的刺激下，才能引起他们的注意。

3.1.2 五种感觉系统

感觉是一种较为简单的心理过程，可以分为视觉、听觉、嗅觉、味觉、触觉五种心理感觉。通过感觉人们可以分辨颜色、声音、软硬、粗细、重量、温度、味道、气味等。

1. 视觉系统

（1）生理基础

人的眼睛是视觉产生的生理基础。了解眼睛的构造能让我们更好地了解人们的视觉特点。人的眼睛是一个直径约 23mm 的球状体。眼睛的前端主要用于接收外部信息，然后将信息转化为图像。后端为图像接收传递区域，主要由视网膜、视神经等组成。眼睛的构造与相机的结构比较相像，起聚焦成像的作用。眼睛是由角膜、瞳孔、晶状体、玻璃体和睫状体等组成的，如图 3-2 所示。巩膜相当于相机壳，对眼球的内部结构起保护作用，角膜相当于相机的光圈，虹膜相当于光圈的叶片，晶状体相当于一个可变焦距的透镜，视网膜相当于相机的感光底片，大脑的视觉皮质中枢相当于计算机控制系统，它们一起接收外界光信号进行成像并传递。

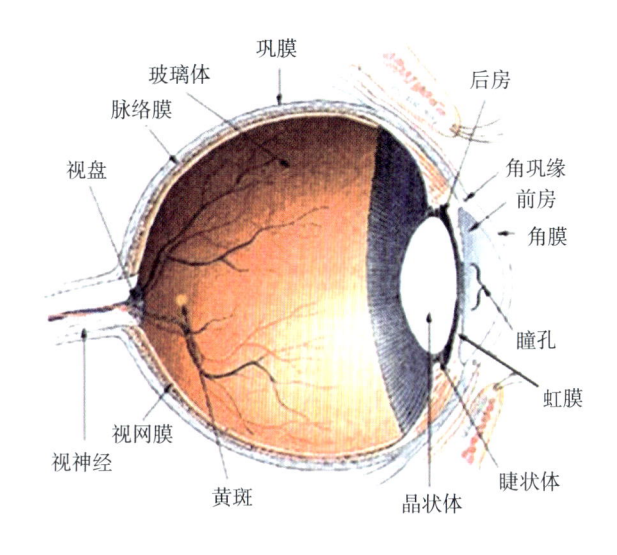

图 3-2 眼睛的构造

眼睛的工作过程大致是这样的：自然界中的各种物体在光线的照射下反射出明暗不同的光线，这些光线通过角膜、晶状体等结构的折射作用，聚焦在视网膜上，视网膜上的感光细胞产生一系列电化学变化，将光刺激转换为神经冲动，通过视觉通路传导至大脑的视觉中枢，完成视觉功能。其中视觉成像的关键部位是视网膜。视网膜上存在着人类视觉感受最敏锐的视觉细胞。视网膜分三层，最外层为光感受器细胞层，由接收光线刺激的视锥和视杆细胞组成；中间层为双极细胞层，它接收来自光感受器的信号，并将其传递给神经节细胞；最内层为神经节细胞层，它负责将神经冲动传导到大脑的视觉中枢。视网膜中心凹区域密集分布着大量的视锥细胞，它具有最敏锐的视觉感受能力。视网膜的视轴正对终点为黄斑中心凹。其附近直径 1～3mm 的区域为黄斑区。黄斑区是视网膜上视觉最敏锐的特殊区域。在黄斑的侧后方视网膜位置处有一直径为 1.5mm 的淡红色区，无感光细胞，在视野上呈现为固有的暗区，称为生理盲点。它是视神经汇集后穿过视网膜连接视觉中枢的区域，由于人眼的视神经在视网膜的前面汇集，所以这个区域就形成了视觉盲点。

（2）明视与暗视

明视是在光线明亮的情况下，人们看到物体的感觉，由视觉系统中的视锥细胞来完成这个功能。视锥细胞位于中央凹处，数量多，分布密集。它在视网膜周边相对较少。由于视锥细胞直接与神经细胞连接，所以对光的感受分辨力高，有色觉，光敏感性差，但视敏度高。

暗视是在光线比较弱的情况下，人们看到物体的感觉。在暗视过程中，视杆细胞起着主要作用。视杆细胞在中央凹处无分布，主要分布在视网膜的周边。视杆细胞对暗光敏感，故光敏感度高，但分辨能力差。所以人们在弱光下只能看到物体的粗略轮廓，并且视物无色觉。

（3）视觉后像

刺激停止作用于视觉感受器后，感觉现象并不立即消失而保留片刻，从而产生后像。但这种暂存的后像在性质上与原刺激并不总是相同的。与原刺激性质相同的后像称为正后像，例如注视打开的电灯几分钟后闭上眼睛，眼前会产生一片黑背景，黑背景中间还有一电灯形状的光亮形状，这就是正后像。与原刺激性质相反的后像叫负后像。颜色视觉中也存在着后像现象，一般均为负后像。在颜色上与原颜色互补，在明度上与原颜色相反。例如，眼睛注视一个红色光圈几分钟后，把视线移向一个白色背景时，会见到一个蓝绿色光圈出现在白色背景上，这就是颜色视觉的负后像。

（4）速度与视觉

平时人们的视觉经验是在静止或低速的情况下形成的。在具有一定速度的前提下，视觉状态也发生了变化。一般静态时，人两眼的视野各为160°，总视野为200°；在汽车的速度达到40km/h时，视野大约为100°；车速为70km/h时，视野为65°；车速为100km/h时，视野为40°。静态视力与动态视力也有很大差别。静态视力为1.2的司机，在车速为80km/h时，视力下降为0.7，在车速为100km/h时，视力下降为0.5。在一定的速度下，视觉还容易产生错觉。我们在夏天开车时，会有这样的感觉，前面100m左右的路面上总像有一条水汪汪的带子，那是光线反射及地面在温度作用下的一种错觉。

2. 听觉系统

听觉是声源振动引起的声波通过外耳和中耳组成的传音系统传递到内耳，再经内耳的环能作用将声波的机械能转变为听觉神经上的神经冲动，最后送到大脑皮层听觉中枢而产生的主观感觉。

耳朵是听觉的感受器官，如图3-3所示，耳由外耳、中耳和内耳迷路中的耳蜗部分组成。声波通过外耳道、鼓膜和听骨链的传递，引起耳蜗中淋巴液和基底膜的振动，使耳蜗柯蒂氏器中的毛细胞产生兴奋。振动波的机械能在这里转变为神经纤维上的神经冲动，并以神经冲动的不同频率和组合形式对声音信息进行编码，再将其传送到大脑皮层听觉中枢，产生听觉。

听觉给人带来精神的享受，孔子听过美妙绝伦的《韶》乐后，三月不知肉味；春秋时期韩国女歌者韩娥的歌声拨动了人们的心弦，萦绕在人们的脑海中三天不去，"余音绕梁，三日不绝"之说由此而来。对于产品来讲，在产品中设计不同的声音或音乐，可以带给用户不同的心理感受，并有提示作用。产品中的提示音往往表明产品现在所处的位置、状态。柔和、甜美的声音给人带来愉悦的心理感受。

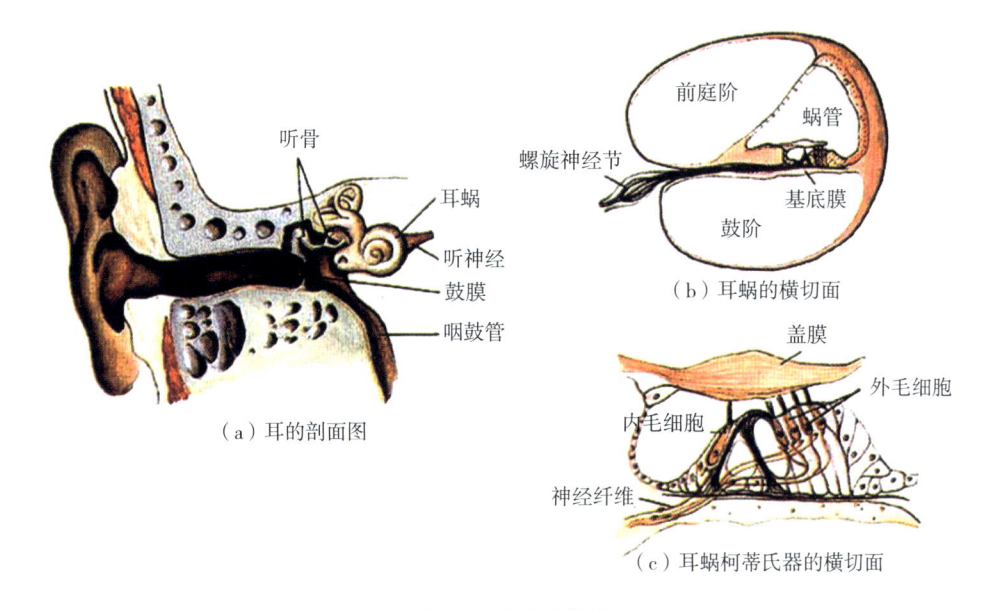

图 3-3 耳朵的构造

3. 嗅觉系统

嗅觉是人们对气味的一种感觉，是挥发性物质的分子作用于嗅觉器官的结果。嗅觉是实时产生的生理感觉，它比视觉更易于引发身体反应。人们往往对气味的刺激更敏感，也更易于察觉。气味通过刺激人体嗅觉引发人的情感，从而在一定程度上左右着人们对产品的态度。不同的气味可以引起人们在情绪和生理上的不同变化。在使用产品时，如果有阵阵花香袭来，就会给人带来愉悦的精神享受。如图 3-4 所示，这是一款可以收发 10 000 种不同气味的神奇手机。用户可通过 ophone 芳香短信手机上的特殊应用程序选择气味并将其发送给同样使用这款手机的朋友。接收到信息的人通过发散气味的设备可以闻到香味。

4. 味觉系统

味觉是一种化学感觉。它是物质进入口腔后，刺激作用于舌面和口腔黏膜上的味觉细胞，使其兴奋并传入大脑皮层引起的一种感受。从味觉的生理角度分类，只有四种基本味觉：酸、甜、苦、咸。它们是食物直接刺激味觉细胞（味蕾）产生的。一些食品或饮品是直接用人们已经习惯的该产品的颜色来表现其味觉的，如深棕色（俗称咖啡色）就成为咖啡、巧克力一类食品的专用色。在表现味觉的浓淡上，设计师主要靠把握色彩的强度和明度来表现。比如，用深红、大红来表现甜味重的食品，用朱红表现甜味适中的食品，用橙红来表现甜味较淡的食品等。在产品设计中的"味觉感"往往借助色彩来表现，使人们看到产品，特别是与食品有关的产品时，就有一定的味觉感受。图 3-5 所示的食品以本身的橙色、黄色、红色等暖色调让人直观感受到味觉中的甜味。图 3-6 所示的饮料瓶通过亮光的材料及鲜明的色彩让人感受到饮品的清凉。

图 3-4　ophone 芳香短信手机

图 3-5　各种甜品 　　　　　　　　　　图 3-6　饮料瓶

5. 触觉系统

触觉是指分布于全身皮肤上的神经细胞接收来自外界的温度、湿度、疼痛、压力、振动等方面的感觉。狭义的触觉是指刺激轻轻接触皮肤，触觉感受器所引起的肤觉。触觉可以接收接触、滑动、压觉等机械刺激。人的皮肤位于人的体表，依靠表皮的游离神经末梢能感受温度、痛觉、触觉等多种感觉。触觉感受器在头面、嘴唇、舌和手指等部位的分布都极为丰富，尤其是在手指尖。在产品中，良好的触觉体验会给人们的操作带来情趣。

随着人们对触觉理论研究的深入，一些与触觉相关的设备也被研发出来。一些研究人员希望盲人用手就能够感觉出图形模式的显示。图 3-7 所示就是用于盲人的图形触觉显示器。它让图形及画面信息以实时方式在触觉而不是视觉空间中被呈现出来。

图 3-7 图形触觉显示器

图 3-8 所示是针对盲人设计的一款手机。它通过把各个按键设计成不同的角度使盲人能够通过触觉判断数字的位置。三星公司的一款概念产品（见图 3-9）通过特殊的盲文帮助盲人通过触觉识别键位。盲人可以通过键盘和显示点字法的显示器，使用手机收发短信。该设计荣获了美国工业设计杰出奖（IDEA）金奖。

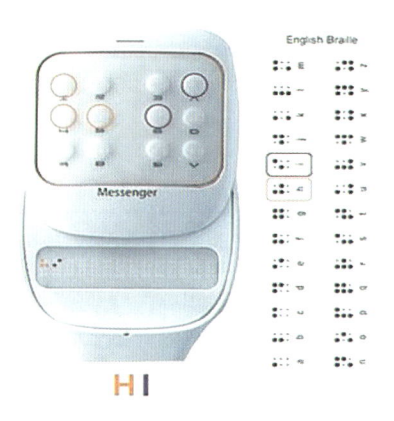

图 3-8 盲人手机　　　　图 3-9 特殊的盲文手机

3.1.3 感觉与交互设计

随着时代的发展，人们希望产品不仅能满足功能性的需要，还要满足情感性的需要。人机交互是人和产品互动的过程。产品与人进行良好的交互能够更好地满足人们的需要，并且能够增加产品的情趣。人和产品之间交互的方式是多种多样的。技术的发展也使得用户与产品之间的交互不仅仅局限在数据交互、界面交互等传统交互方式上，还存在感官交互、体感交互等新的交互方式。在本节中，依据不同感官的感受，交互方式可以分为以下几类：视觉交互、触觉交互、听觉交互和嗅觉交互。

1. 视觉交互

视觉交互指通过造型及声光效果与用户进行交互。如图 3-10 所示是一款自动驾驶概念车——沃尔沃概念车 360。它造型独特，充满科幻感，集自动驾驶、电动化、智能互联和安全于一体。这款车可以通过外部声音、颜色、视觉效果等，将自己的意图传达给其他道路使用者。从交互的角度来说，它通过自身视觉效果的改变完成了与外界的交互。

图 3-10　沃尔沃概念车 360

设计师 Mac Funamizu 设计了采用全息技术的革命性概念手机（见图 3-11），这款手机的屏幕部分是一块空洞，它利用全息技术生成图像。在打电话时，你可以看到对方的 3D 影像，并且还可以从不同角度进行旋转观看，就像真实场景一样。通过这样的技术还可以查看 Google 三维地图。

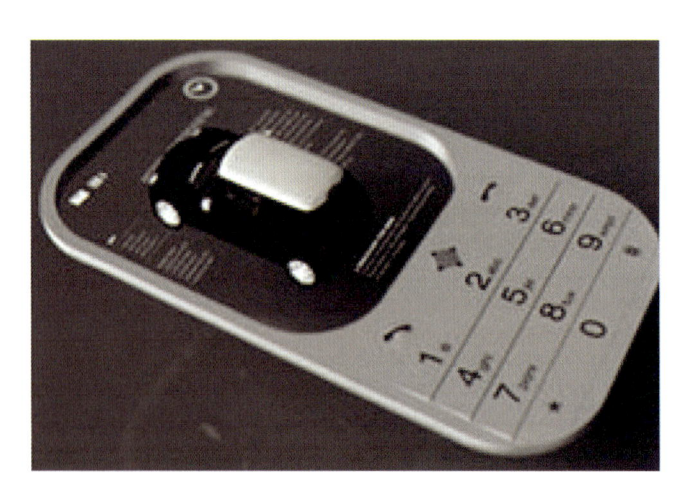

图 3-11　采用全息技术的手机

2. 触觉交互

从按键手机到手写手机再到今天的触屏 3G 手机，说明人机触觉交互一直在变化之中，并且变得越来越好控制，越来越有趣味性。图 3-12 所示是常见的手势操作，比如通过两指拉伸放大图片。这些触控的方式简单易行并具有趣味性，让人们赞叹不已。

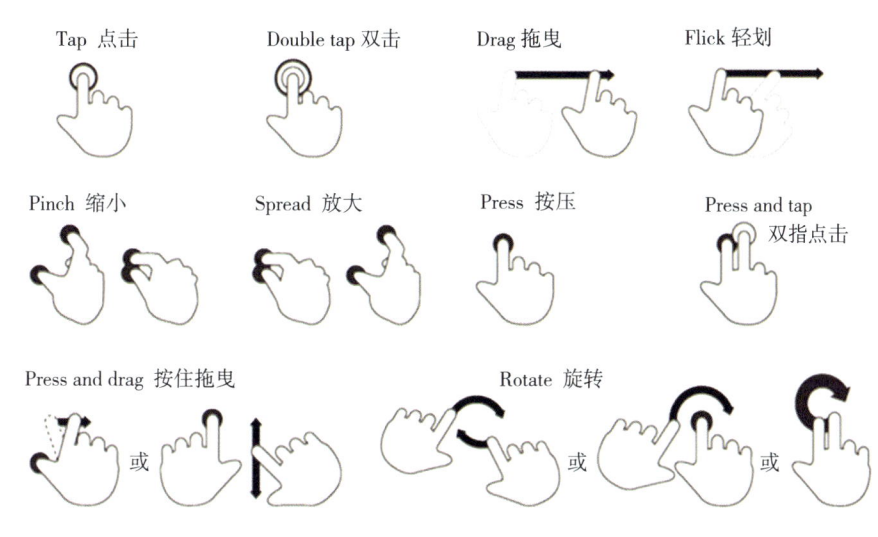

图 3-12　常见的手势操作

如图 3-13 所示是一款盲人专用手表 Bradley。手表由圆形钛合金表盘和两个圆珠组成，圆珠代替了表针。两个圆珠分别位于内外两个凹槽内，通过磁场效应控制其位置。盲人通过触摸圆珠位置辨识时间，如果触摸时不小心拨动了圆珠，圆珠也会自动复位。对视力正常的普通人来说，这款手表也是适用的，在某些特殊环境下，通过触摸就可以获得时间。

图 3-13　盲人专用手表 Bradley

3. 听觉交互

随着数字音频技术的发展，靠声音来与用户进行交互已经变得非常普遍且流行，比较常见的如新消息到达时的声音提示音、按键的反馈音、电池不足的警示音、QQ 好友上线的拟物音等。听觉交互虽然可以实现人机之间简单快捷的反馈交互，但也受到使用环境的限制。如在比较嘈杂的环境中，手机的声音就会变得不容易听到，大大降低了听觉交互的可识别性。

一般情况下，听觉交互要配合视觉交互一起使用，并且给予用户控制权，用户可以随时取消不需要的听觉反馈。

4. 嗅觉交互

相对于视觉和听觉在交互系统中的运用，人们对气味的感知和反应能力还未被很好地利用。相关研究表明，气味能有效地唤起人的某些情绪。随着交互技术的发展，嗅觉体验正越来越被重视。设计师 David Sweeney 设计的"Surround Smell"带给用户新的体验，其设备中内置有 16 种独特新颖的气味，用一个微电压泵控制，可以根据电视里不同的场景散发出不同的气味，来传达不同的信息。

3.2 知觉过程与设计

客观事物直接作用于人的感觉器官，产生感觉与知觉。知觉是在感觉的基础上对感觉信息整合后的反应。在日常生活及产品操作中，知觉是对来自感觉的信息综合处理后，对产品及其操作做出的整体的理解、判断或形成经验。

3.2.1 知觉的概念与知觉规律

知觉活动是一个信息处理的过程，在此过程中，有许多知觉规律可以遵循。

1. 知觉的概念

知觉也称为感知，其定义有多种。1986 年，Roth 认为"知觉是指把来自感觉器官的信息转化为目标、事件、声音、味道等的体验过程"。通常认为知觉是人脑对直接作用于感觉器官的客观事物的各个部分和属性的整体反应，是在一定的外界环境中，刺激物与感觉器官之间相互作用，外界信息传入大脑，并对信息进行整合处理的过程。知觉是心理较高级的认知过程，涉及对感觉对象（包含听觉、触觉、嗅觉、味觉、视觉对象）含义的理解、过去的经验、记忆及判断。在感觉对象中，来自视觉和触觉的感知是最多的，也是我们研究的重点内容。在新产品中，有可以闻到香味的儿童卡片，也有可以食用的书，这些产品扩展了人们在嗅觉和味觉方面的感知。

在日常生活及产品操作中，知觉是在对各种感觉信息进行综合处理后起作用的。比如，在驾驶汽车的过程中，我们手握转向盘，触觉可以感受到转向盘的形状及转动，以配合需要转向的方向；眼睛注视前方及左右视镜，观察所处的情境，判定是否需要改变位置及速度。在汽车行进过程中还可以听到外面的风声，以进一步确认行驶状况。

2. 知觉规律

大多数情况下，知觉来自视觉的对象。20世纪初德国的视觉造型心理学（格式塔心理学）就是关于视知觉的理论。格式塔是德文gestalt的译音，其含义是整体，或称"完形"。格式塔心理学着重在知觉的层次上研究人如何认识事物，核心内容是"整体大于部分之和"，并形成了以下的格式塔知觉规律。

（1）整体性规律

具体包括就近律、相似律、闭合律、连续律，如图3-14～图3-17所示。这些就是关于完形的四个规律，说明视知觉可以把"部分"感知成有具体意义的"全部"。

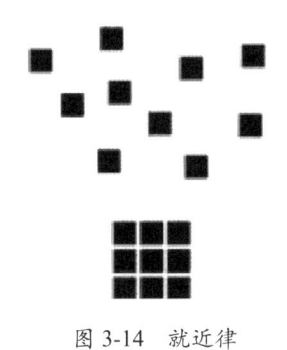

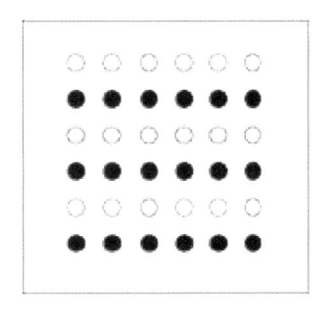

图3-14　就近律

图3-15　相似律

图3-16　闭合律

图3-17　连续律

运用这些完形规律可以设计一些有趣味并适于人们认知的产品。如图3-18所示是两款钟表设计，图3-18（a）中的这款钟表就是根据格式塔闭合律设计的，飞出的蝴蝶虽然使钟面形成了不规则的状态，但这并不妨碍人们把它们看成一个整体；图3-18（b）中钟表的表盘是由众多的数字散乱放置后形成的，我们在看到此产品时第一感知是这是一个圆的表盘，再细看才可以看到许多数字。

（a）　　　　　　　　　　　　（b）

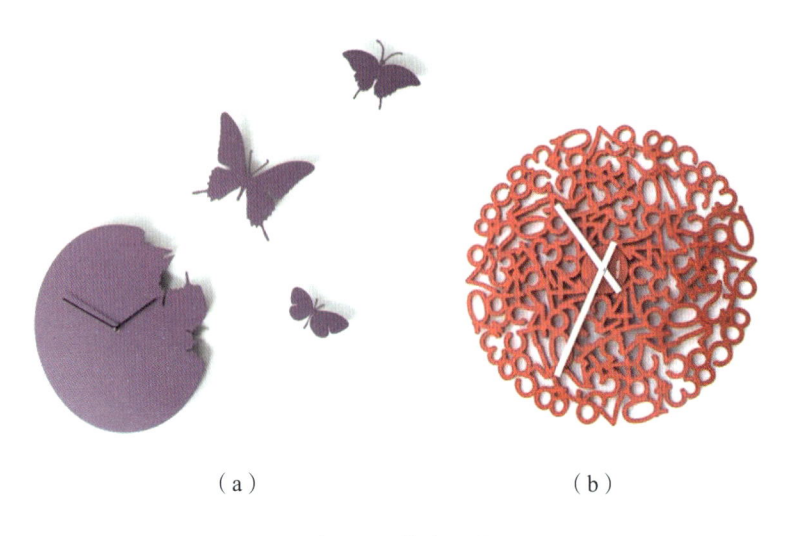

图 3-18　钟表设计

（2）选择性规律

在感知范围内，注意把意识活动指向或集中到某一中心，并使这一中心在感知中显得特别清晰，而使其余部分显得比较模糊，作为背景。这就在主观上影响了知觉的组织。具体到格式塔规律就是图形与背景的感知规律。如图 3-19 所示，如果把视觉焦点集中在黑色上，就可以看到一个回眸的年轻女子的形象。而如果把视觉焦点集中在白色的线条上，黑色只作为背景，则就会看到一个低头的老年妇女的形象。图 3-20 中，以不同的图形做背景，可以看到不同的图形——两个人的脸部或一个杯子的形态。

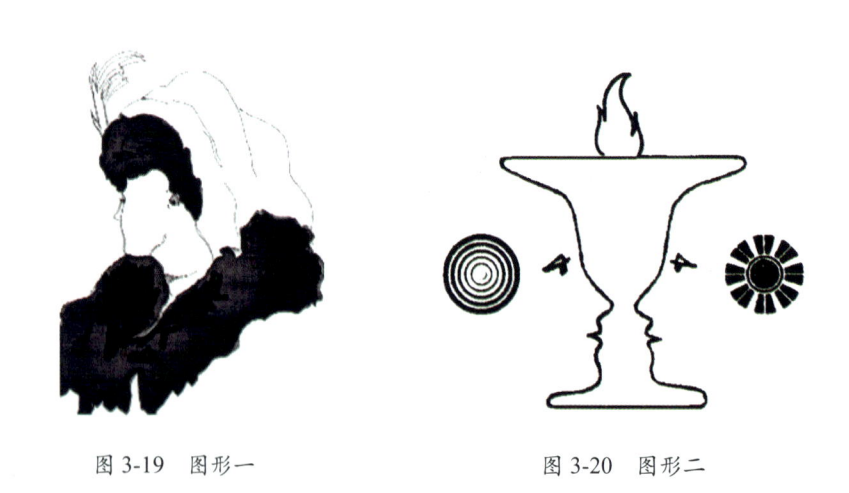

图 3-19　图形一　　　　　　　图 3-20　图形二

（3）恒常性规律

当知觉对象在一定范围内发生变化时，知觉映像仍然保持相对不变。比如，一个正方形不管是用线条画出的还是用色彩涂成的，不管是红色的还是蓝色的，不管它变大还是变小，不管它是用木条构成的还是用砖头筑成的，它都是一个正方形。如图 3-21 所示这款钟表的设计中，指针虽然发生了扭曲，但并不妨碍人们对指针的认知。

（4）理解性规律

人在感知当前事物时，总是借助以往的知识经验来理解它们。在人的脑海里存在着大量的知觉经验，人在认知世界的时候总是不断地进行抽象、概括、分析、判断，直到对象转化为人的知觉概念。如图3-22所示的这款钟表，指针表示的数字是不完整的，但是人们可以根据以往的知觉经验来判定正确的数字，这就是知觉的理解性。

图 3-21　钟表一 　　　　　　　　　　图 3-22　钟表二

3.2.2　产品操作过程中的知觉与知觉特性

用户操作产品的过程首先是一个知觉的过程，因为在每个具体的操作步骤中知觉都起着重要的作用。产品操作过程中的知觉具有意图性、可预测性、可期待性及非理性等特性。

1. 产品的知觉过程

用户在操作产品的过程中，每一个具体的操作都包含知觉过程，而这个过程大多包含寻找—发现—分辨—识别—确认—搜索等阶段。以上知觉过程可以反复出现，直至操作动作完成。其中寻找阶段是发现相关有用信息的关键，是信息收集、分析再确认的一个过程。最终会以发现有利于操作的一些信息作为终止，然后转入下一阶段。在分辨阶段，可能会有多个信息需要识别，从而确定在此操作步骤中需要的信息。下一阶段是在识别出当下操作步骤的信息和提示后再确认操作。例如，我们对洗衣机的操作如下：第一步，需要仔细观察产品的操作面板，搜集洗衣机面板上提供的各项信息；第二步，分析辨别哪些是有利于第一步操作的信息；第三步，开始操作（这时的操作只是整个操作过程的第一步，可以是按下开关）；第四步，转入下一个循环。重复此知觉过程直至完成整个操作。在一个具体的知觉过程中，视觉起着收集信息的作用，知觉起着整合信息的作用，思维起着识别判定的作用，记忆起着搜索的作用。

在每一个知觉过程中，面对产品产生的感知是完成正确操作的一个前提。心理学家基布森认为知觉从外界物品感受到的是"它能给我的行动提供什么？"人对任何物品的观察都与行动目的联系起来。他发明了一个新词 affordance（提供的东西），可以把它翻译成"给行动提供的有利条件"或"优惠条件",如平板可以"坐",圆柱可以"转动"等。也就是说,知觉所感受的结果不仅仅是物体的形态。在完成操作产品这个行为任务的驱使下,知觉是在寻求利于操作的条件并判定产品所提供的形态便于怎样的操作。实际上,人感觉得到的不仅仅是形状、灰度和颜色,还要获得对行动有意义的实物。我们对以下几类知觉进行具体分析。

（1）形状知觉

形状是视知觉最基本的信息之一。人们依靠视觉可以感觉产品具体的形状,包括各种各样的面、各种各样的体。在操作过程中,用户的观察目的不是几何的具体形状,而是形状的行动象征意义和使用含义。比如,杯子的形状使人马上想到盛水、喝水及怎么端杯子、怎么喝水。

以坐具为例,坐具最基础的形状就是平面,这种平面可以是任何材料、任何形式结构提供的面。图 3-23 中的面是由废报纸团组合而成的面,图 3-24 中的面是由线组合而成的面。各种形式的面都可以为人们提供坐的功能。如果这些面变换成其他形态,人们则会依据所给的面的具体形态来确定坐的方式。

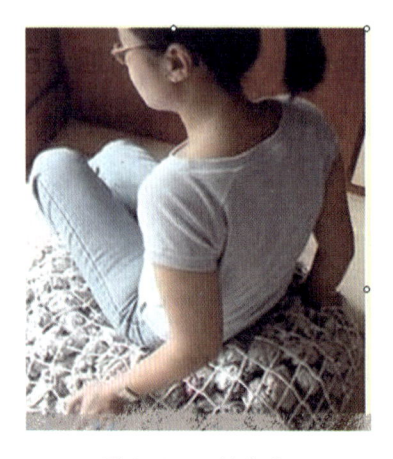

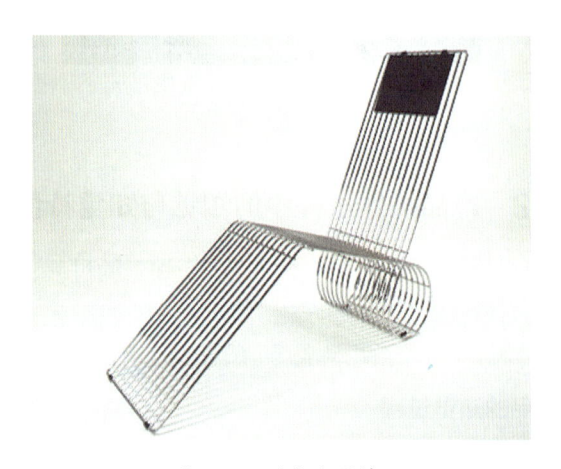

图 3-23　环保坐具　　　　　　　　　图 3-24　时尚金属椅

图 3-25 所示是为儿童设计的坐具,这些坐具提供了面的不同形态。其中蓝色的坐具可以采用骑跨的方式来坐。图 3-26 中的个性凳由不规则的曲面组成,曲面的变化方式引导着人们采用和变化曲面相贴合的方式来坐。

图 3-25　儿童坐具　　　　　　　　　图 3-26　个性凳

一般情况下，我们看到产品的不同形状，意味着可以采用不同的动作方式来进行操作，具体如下。

平面、曲面——坐、趴、躺

圆球——滚动、旋转

凸起或凹陷按钮——按压

小尺寸圆柱——手握、抓

作为设计师，就应该从用户角度把几何形状理解成使用的含义，在思维方式上从用户的需要出发，以便在设计中提供适合用户操作的形状特征。

（2）结构知觉

结构是指各个零部件怎样组合成一个整体。当使用产品时，用户感受到的不仅仅是外观的几何结构，还有零部件的整体结构、部件之间的组装结构、功能结构、与操作有关的使用结构等。产品的一般结构知觉与提供的操作有利条件如下。

缝隙——组合方式和组合位置

面的连接——滑动方式

圆柱轴的连接——旋转动作

仿生物的连接——生物自然的动作模仿

对于产品的外观结构来讲，产品外壳不仅要满足审美和使用要求，还要符合各种生产工艺的要求。如果设计师只会从几何结构理解产品外观，那么设计时就可能忽略了用户的使用要求和工程师的制造要求，设计出的产品就可能出现使用不方便或难以制造的情况。因此，设计师应当从用户角度、制造工艺角度和功能角度理解产品外观的结构，提供适合的外观结构。如图 3-27 所示的光盘盒采用了仿生设计，它的开启方式模仿了瓢虫的自然开启过程。这样的结构设计对人们的行为起着自然的引导作用。

图 3-27 光盘盒

（3）表面知觉

心理学家基布森在研究飞行员在空中的视知觉时，他发现飞行员的主要感知来自陆地表面各种东西的表面肌理。这种表面为有意图性的知觉提供了许多信息。在许多情况下主要的知觉对象不是形状，所需要的主要信息并不取决于形状。有时知觉并不需要三维的知觉经验，人们只使用环境情景中所含的信息就足够了。也就是说，用户在操作产品的知觉过程中感受到的信息不仅来自形状和色调，而且也来自表面，有时表面信息更重要。

有关表面知觉的主要观点有：各种表面的肌理（包含布局纹理和颜色纹理）与材料有关，它是我们识别物体的重要线索之一。在外力作用下，有黏性或弹性材料的表面呈现良好的延展性，而硬度较高材料的表面则可能发生断裂。这些经验使我们不会用石头砸计算机的玻璃平面，不会把塑料器皿放在火上烧。因此，根据这种表面特性就能够发现很多与操作行动相关的信息。另外，产品表面肌理的呈现是由材料、色彩、纹理、凹凸等因素共同形成的。它在不同的光线下，给人以不同的心理审美感受。如图 3-28 所示的纯实木材质的桌子给我们朴实温暖的美感，如图 3-29 所示的金属质感的圆桌则给人以现代时尚的美感。

图 3-28　实木桌子　　　　　图 3-29　金属圆桌

（4）生态知觉

我们在观察任何东西时，都是从一个特定的位置进行观察的。对观察起作用的光线只有射入我们眼睛的那些环境光线，这意味着在每一个视觉位置所看到的东西都不完全一样。观察视角的改变使得物体的相对位置也在不断变化，而物体的背景也常常发生改变。也就是说，人的视觉位置与视知觉感受到的东西密切相关。人的知觉受到观察角度和环境的影响，因而知觉是人与环境的统一。

由于生态知觉的影响，在产品设计中要考虑产品所处的环境。如图 3-30 所示是某公共场所休息区的坐椅，它的设计就充分考虑了环境的因素。图中的公共座椅被设计成不同的高度来适应人不同的休息方式。在界面设计中，设计师给用户提供的操作界面布局应符合他们的知觉需要，并且所有与操作有关的按钮等都尽量在一个视角范围内。

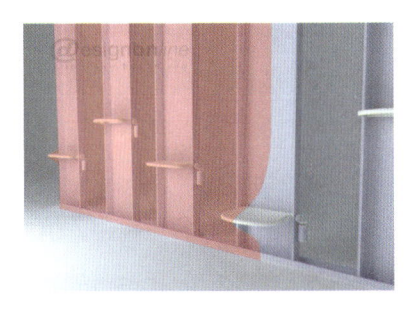

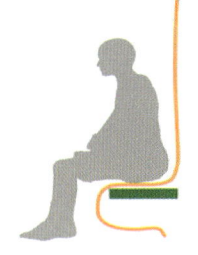

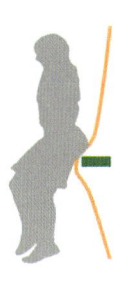

图 3-30　公共座椅

2. 知觉的特性

（1）知觉的意图性

在操作产品时，用户的知觉带有目的性、倾向性、选择性，这就是知觉的意图性。人的知觉主要有三个意图：第一，因果关系知觉：寻找、发现、识别每一步操作与它的结果之间的关系，总结操作会导致什么结果；第二，由于这种因果关系经验的存在，人们逐渐形成了对行动结果的预测和期待；第三，反馈信息知觉：寻找反馈信息，以供建立下一个操作目的。

（2）知觉的预料性及期待性

预料和期待是行动的固有特性。用户在对产品进行每一步操作前，都会预料在确定位置、确定时间可能出现的结果，并期待所预料的结果的发生。这些预料来自长期以来人们积累的大量有关行动的经验。预料是构想的行动状态，是行动计划的一部分。期待是想象的行动后产品所处的状态或结果。因此，知觉就把视觉意图指向所期待的状态，用户期望观察到与其预料相一致的来自产品的反馈。

（3）知觉的非理性

知觉的非理性表现在：每个人的知觉学习经历不同，形成的知觉能力和知觉经验也就不同；人们对知觉的理解也不尽相同，不存在唯一的"标准知觉"；对于产品，人们从结构、尺寸、色调、材料、表面肌理等方面进行理解，对有关知觉方面的认识也有差别；知觉中存在错觉现象；知觉功能在一定程度上存在生理范围及心理特征的局限。所有这些都表明知觉不是标准的，不是一成不变的，也不是规范的。因此，知觉具有非理性的特点。

3.2.3　行动及行动类型

行动是受意识、思维、动机控制的活动，简单地说就是有目的的行为。目的性说明了行动的意图性。行为本身是由活动组成的，动作性也是其典型的特性。

用户使用产品时，他们的心理过程往往经过六个阶段，分别是意图阶段、计划阶段、动作实施阶段、感知反馈阶段、认知阶段、新意图形成阶段。意图是操作的前提，也是操作的驱动力。计划是在意图确定后人们根据周围的外界条件，开始规划行动过程。动作实施依照计划来完成具体的动作。其后是感知反馈阶段，动作实施后使产品处于一定的状态中，人们通过观察获取操作后的结果信息。认知的过程是判断的过程，通过思考判定上一步的操作是否达到了预期效果。如果达到预期效果，就会确立新的意图，进入下一个循环过程。

以上的过程是抽象出来的人们操作产品的一个模式。在实际操作产品的过程中，情况往往比较复杂，因为对于不同的具体行动，人们在各个阶段的知觉、认知、动作的差别很大。依据这些差别，李乐山教授把行动分为四个不同的类型，分别是知觉行动、认知行动、技能行动和情绪行动。知觉行动中，知觉是关键因素，行动的目的就是感知对象。天文观测、考古发掘等行动就是知觉行动，而生活中的望远镜、显微镜、电视机、照相机等产品都是与此相关的知觉产品。认知行动是解决问题的过程，从信息的角度来说，认知就是输入、变化、简化、加工、存储、恢复和使用信息的全过程。比如，学习的过程就是认知行动。技能行动是高度自动化的一系列动作组合。比如，熟练地打字、骑自行车这些行动都属于技能行动。情绪行动是与情绪有关的行动。

在知觉行动中，知觉的主要目的是发现区别和识别对象，这种行动主要表现了知觉系统的特性。在认知行动中，思维、记忆、表达交流等大脑活动是该行动的核心所在，人体动作仅仅是完成认知过程的一个辅助。在技能行动中，知觉和动作的协调成为主要特性，知觉不是目的而是动作的前提，在此过程中不包含复杂的认知思维。

3.2.4　易用性产品设计

产品的易用性是让用户满意的重要因素。要想做到产品易于使用，必须从用户知觉、认知等方面入手，使得设计出来的产品符合用户的知觉及认知特性，并且在产品的界面设计中注意通过一定的方式来引导用户的操作。易用性产品具有以下特征。

1. 产品满足知觉需要和认知特性，具有可操作性

对于易用性产品，在产品的界面设计中应该考虑易于操作的特性。具体来说，产品界面应该具有以下特性。第一，产品具有可识别性，要求产品的外观易于感知，知觉能够根据提供的条件进行行动；第二，产品具有可确认性，产品提供的图标等信息符合用户的知觉习惯，不产生多种含义；第三，产品具有可认知性，要求产品的行为状态和过程可以被感知；第四，产品具有可探测性，产品的结构能够反映操作方式。

2. 以行动为目的，提供各种知觉引导

为了满足动作需要，应该给用户提供满意的操作条件。在具体产品设计中，可以通过引导的方式来进行。在人机界面设计中应考虑给用户提供以下方面的行动引导。

第一是目的引导。通过设计符合用户知觉的形状和结构，使用户在操作产品时对产品的行为方式及功能性比较容易理解，从而使他们更容易决策。

第二是操作计划引导。其引导主要包含操作时的知觉引导、计划引导及操作引导。

设计中给用户提供知觉引导，是为用户提供有利于操作的条件。比如，按键被设计成凹形，去引导手指的触摸。计划引导让用户明确下一步该做什么，设计中可以通过图示、声音、灯光等来进行提示。操作引导包含操作准备引导、操作方向引导、操作选择引导、操作顺序引导、操作规则和知识引导。这些引导也可以通过声音、灯光、图示等方式进行。

第三是操作评价引导。具体包括对操作中的反馈信息、操作后的确认信息及操作结束后的提示的引导。

3.3 用户的认知与设计

认知的概念从不同的角度有不同的定义。从解决问题的角度，认知是选择、吸收、操作和使用信息来解决问题的过程；从信息加工的角度，认知是输入、变换、简化、加工、存储、恢复和使用信息的全过程；从研究内容的角度，认知过程中包含了知觉、记忆、思维、判断、学习、决策、想象、知识表达及语言运用等方面的内容。设计应该满足用户的需要，其中就包括用户的认知需要。要满足用户的认知需要，必须通过界面设计，给用户提供认知条件和认知引导。

3.3.1 注意

注意是心理活动对一定对象的指向和集中。这里的心理活动既包括知觉、记忆、思维等认知活动，又包括情感过程和意志过程。心理活动的出现都有一定的针对性和具体内容。认知活动有认知加工的对象，情感过程有所要表达的对象，意志过程是有目的地从事某种活动，朝向某个目标。这些心理活动的对象同时也是注意的对象。

指向性和集中性是注意的两个基本特性。指向性是指心理活动在某一时刻总是有选择地朝向一定的对象。因为人不可能在某一时刻同时注意所有的事物、接收所有的信息，所以只能选择一定的对象加以反映。就像面对满天星斗，我们要想看清楚，就只能朝向个别方位或某个星座。指向性可以保证我们的心理活动清晰而准确地把握某些事物。集中性是指心理活动停留在一定对象上的深入加工过程，注意集中时心理活动只关注所指向的事物，抑制了与当前注意对象无关的活动。比如，当我们集中注意力去读一本书的时候，对旁边的人声、鸟语或音乐声就无暇顾及了，或者有意不去关注它们。注意的集中性保证了我们对注意对象有更深入、完整的认识。

注意不是一种独立的心理过程。注意是认知、情感和意志等方面共同组织下的心理过程。注意是伴随心理过程出现的，离开了具体的心理活动，注意就无从产生和维持。注意是信息进入我们认知系统的门户，它的开合直接影响着其他心理机能的工作状态。没有注意的指向和集中对心理活动的组织作用，任何一种心理活动都无法展开和进行。所以，注意虽然不是一种独立的心理过程，但却在心理过程中发挥着不可或缺的作用。

人们进行行动时所需要的注意分为以下四种。

（1）选择性注意

选择性注意是指个体在同时呈现的两种或两种以上的刺激中选择一种进行注意，而忽略其他的刺激。例如，在杂乱的声音中只注意某一个人的声音，在茫茫人海中只注意到一个人。在一个纷乱的背景下，要想保持自己的注意力，就必须提高自己的注意程度，这往往是依靠意志来完成的。

（2）聚焦注意

聚焦注意是指将全部精力聚焦在一个事物或过程，比如化学、物理试验中的观察。人在需要的时候，必须把注意力高度集中在当前的任务上，克服各种无关刺激物的干扰，从而提高工作和学习的效率。

（3）分配性注意

分配性注意是指个体在同一时间对两种或两种以上的刺激进行注意，或将记忆分配到不同的活动中，比如，一边听音乐，一边做饭；在开车的时候聊天。一般两个活动中有一个是技能活动，是人们在相当熟练的状态下，进行注意的分割。人不能同时完成对两个不熟练动作的注意，那是因为注意具有指向性。

（4）持续性注意

持续性注意是指在一定时间内将注意力保持在某个认识的客体或活动上。在军事上往往把持续性注意称为警戒注意。比如，医生连续几个小时集中注意力进行手术，雷达观测站的观察员长时间注视雷达荧光屏上的光信号等，这些都属于持续性注意。

人的知觉和认知过程不可能同时处理大量信息，是有一定加工容量的。各种知觉需要注意，各种认知需要注意，各种行动也需要注意。而注意是一个很有限的资源，若超出它的能力、容量、精力、可持续时间，人在知觉、认知和行动中对信息的传送就会失误。因此，在设计时应该把注意作为一个综合的心理因素，把减少对注意的需求放在首要位置。

3.3.2 记忆

记忆是人脑对过去经验中发生过的事情的反映。记忆的过程是经验的印留、保持和再作用的过程，它可以使个体在脑海里呈现过去经历过，而现在不在面前的事物。记忆的基本过程是识记、保持、回忆或认知。识记是接触各种事物，在大脑皮层形成暂时联系、留下痕迹的过程。保持则是将暂时联系作为经验储存在头脑中。回忆指的是过去接触的事物不在眼前时，能回想起来。认知则是过去接触过的事物重现时，能认出来。这三个基本过程是密不可分的，识记、保持是回忆或认知的前提，回忆或认知是识记、保持的结果。

根据记忆存储的不同，可以把记忆分为感官记忆、短时记忆和长时记忆。感官记忆指刺激形象输入感觉器官后，其保持时间为 0.25～2 秒的记忆。短时记忆是指信息一次呈现后，保持在 1 分钟以内的记忆。例如，在电话簿上查到一个不熟悉的电话号码，根据短时记忆拨出这个号码后，马上就会把它忘掉。这种记忆的容量也非常有限，一般只能储存 7±2 个信息项目。如果对记忆内容加以复述，储存量可达 10～12 个信息项目。长时记忆是指信息经过充分加工后，在头脑中长久保持的记忆，一般能保持多年甚至终身。长时记忆的容量很大，可能高达数 10 亿个信息条目。储存在长时记忆中的信息并非实际事物的真实写照，而是经过了一个解释加工的过程，因而会出现偏差和更改。能否有效地从长时记忆中提取知识和经验，在很大程度上取决于当初解释这些信息的方法。如果记忆材料具有一定意义或是与已知信息相吻合，则储存和提取过程就会容易得多。

根据记忆方式的不同，可以将其分为机械记忆、关联记忆及理解记忆。机械记忆是无须理解记忆对象的内涵，只需记住其外在表现形式的记忆。也就是说，需要储存的信息本身没有什么意义，与其他已知信息也无特殊关系。关联记忆中记忆的信息之间存在一定的联系或与其他已知信息相关联。理解记忆是通过理解进行记忆，这类信息可以通过解释过程演绎而来，无须储存在记忆中。对于有意义且可以理解的信息，记忆会比较容易。

在日常生活中，关于记忆的问题通常表现为遗忘和记错两个方面。通过设计来减轻记忆的负荷，是设计的一个重要的思维方式。如图 3-31 所示是一款不倒翁遥控器设计，通过改变产品造型，把遥控器的放置状态由平面放置改为直立放置。这种改变使遥控器容易被发现，不再被遗忘。图 3-32 所示是一款环保概念钥匙扣 Unplug Key Ring。设计师把钥匙扣设计成与电源插座一样的造型，这样既可以解决钥匙的放置问题，又可以提醒人们出门前拔掉电源插头。

图 3-31　不倒翁遥控器　　　　　图 3-32　环保概念钥匙扣 Unplug Key Ring

3.3.3　思维

思维是以感觉、知觉和表象为基础的一种高级的认知过程。它是揭示事物本质特征及内部规律的理性认知过程。

1. 思维的概念

思维是以人已有的知识为中介，对客观事物的概括的、间接的反映。它借助语言、表象或动作实现。例如，人们能通过春天的温暖、夏天的炎热、秋天的凉爽、冬天的寒冷这些具体的感知特性，认识到四季的更替是自然界一成不变的特定的规律，甚至能进一步认识到这是地球围绕太阳公转的必然结果。

思维运用分析综合、抽象概括等方法对感觉信息进行加工，以储存于记忆中的知识作为媒介，反映事物的本质和联系。这种反映以概念、判断和推理的形式进行，带有间接和概括的特征。Mayer 认为，思维的概念应该包含三个基本点：第一，思维是从行为确立的认知，在认知系统内，它是间接确立的；第二，思维是一个过程，它包含了对认知系统内知识的许多操作；第三，思维是受指挥的，并且导致行为结果。

2. 思维的特性

（1）概括性

在大量的感性信息的基础上，思维把一类事物的共同本质特性或规律抽取出来，并加以概括。思维的基本形式是概念，概念就是把一些具体的现象抽取出来的事物的本质。思维还能概括出事物之间的各种关系，从而形成规律、原理等。

（2）间接性

思维活动不反映直接作用于感觉器官的事物，而是借助一定的媒介和一定的知识经验来反映外界事物。这个媒介通常是各种符号，包括声音、图形、动画、文字等。每个人的思维借助的媒介是不一样的，有些人倾向用文字推理，有些人倾向画面思维，有些人倾向用对话式进行思维，有些人则倾向用声音或音乐进行思维。

（3）思维过程的不确定性

人的思维是很复杂的，它往往具有一定的连续性和跳跃性，并且在思考一个问题时，注意力往往集中在问题的解决过程中，而不记忆思维过程。

（4）思维方式的多样性

对待同一个问题，不同的人思维方式是不一样的。有些人按照一个思维链进行逐步思考；有些人的思维由情绪主导，情绪变化很快，导致思维也变化很快。在具体的产品操作上，有的用户按照用户手册的规则来进行思维，有的用户依据产品的反馈来进行思维，有的用户则按照自己的主观愿望进行思维。这些都说明，人的思维方式是多种多样的。在进行同一个操作时，人们采用的思维方式不同，得到的思维结果也不尽相同。

3. 思维的种类

思维是复杂的，各种思维的性质显著不同。思维可以从不同角度进行分类。根据思维活动内容与性质的不同，可以把思维分为动作思维、形象思维和抽象思维（也称逻辑思维）三种类型。

动作思维是指思维主要依靠实际动作来进行，动作停止，思维也就停止。比如，两岁前的婴幼儿尚未掌握语言，用的就是这种思维。形象思维是指以直观形象或表象为支撑的思维过程。比如，艺术家在美术及音乐上的创作，往往是由形象思维引导的。抽象思维是指借助语言形式，运用抽象概念进行判断、推理，得出命题和规律的思维过程。其主要特点是通过对分析、综合、抽象、概括等基本方法的协调运用，从而揭露事物的本质和规律性联系。从具体到抽象、从感性认识到理性认识，必须运用抽象思维方法。抽象思维可分为经验思维和理论思维。人们凭借日常生活经验或日常概念进行的思维叫作经验思维。儿童常运用经验思维，如"小鸟是会飞的动物""果实是可食用的植物"等，均属于经验思维。由于生活经验的局限性，经验思维易具有片面性并且可能得出错误的结论。理论思维是根据科学概念和理论进行的思维，这种思维活动往往能抓住事物的关键特征和本质。学生通过系统学习学科知识，可以培养其理论思维的能力。

4. 日常生活中常用的思维

一般来说，在日常生活中往往并不以逻辑思维为主，实际行动中更多地是按照自己过去的经验去计划、解决问题，而不是按照逻辑演绎的理性规则进行。日常生活中常用的思维有以下几类。

（1）模仿式思维

模仿式思维是按照比照的规则进行思维。比如在操作产品时，先学习产品手册上的操作步骤，然后严格按照手册上的步骤进行操作，就是模仿式思维。

（2）探索思维

当人们失去经验依据，无法判断一个陌生现象时，往往会试探性地做出一个行动，来观察有什么样的反馈或结果，然后根据这个反馈或结果进行另一个试探性行动，如此一步步接近目标。这种以实际的行动进行思维的过程，就是探索思维，它实际是一种尝试的方法。

（3）以日常经验为基础的思维

以"行为—效果"关系为依据的经验思维是常用的一种思维。在实际中，我们关注的是自己的行为结果，把自己的行为与结果联系起来，构成因果关系。基本思维结构是"当我采取某个行动时，得到了某个结果"。学习操作各种机器和工具的基本思维方式就是建立这种因果关系。按照这种思维方式我们积累了许多经验。

另外，在实际生活中，我们关注行动方式，善于从形状结构上发现行为的可能性。任何一个实物都具有一定的形状结构，对于机械类型的产品，根据它们的结构可以看出产品的功能、行为过程、行为状态等。这些产品的使用经验也是我们从"行为—效果"的思维中得到的。

再者，我们也常常使用以"现象—象征"为基础的思维。通常我们把一个状态或现象作为象征，表示另一个自己关注的事件，它的基本思维结构是"当出现某个现象时，象征出现了什么结果"。例如，大型发电厂中的操作员进行系统监督时，往往把各种状态现象看作"安全"或"不安全"的象征。

（4）以情绪为基础的思维

以情绪为基础的思维往往以愿望或想象为思维的出发点。比如，人们通过想象推测出某个产品可以完成某项功能。这种情绪思维得到的结果往往与事实不太相符。

3.3.4 产品界面设计

产品界面设计是人机交互的媒介。20世纪70年代以来，计算机的飞速发展使人机界面设计的研究日趋深入，现在已经发展成为计算机领域的一门主要学科。

1. 产品界面设计的概念

产品界面设计是指通过协调界面各构成要素，优化人与界面的信息交流手段及交流过程，以提高人与界面交流的效率、满足用户需求的系统性设计，也称用户界面设计（user interface design）。我们在此研究的产品界面属于一种实体界面，也有人将其称为物理界面、硬件界面、直接操纵用户界面，指的是实际中可触摸的物理实体界面，它直接与人接触，如手机等电子产品的按键、显示屏、插接口、摄像头，以及机械产品的指针、操控器、调节器等。设计的主要内容是通过对控制面板、按键的形状与排布、特殊功能键的独特设计，来增强产品的可用性。

产品界面是信息输入与输出的物理介质。如图3-33所示，在这个人机系统中，界面在操控上影响着人—机的信息通道是否流畅（包括有效和高效），因此，产品界面除具有外观上的造型功能外，在信息通道上还有着操控功能。在造型功能中我们关注的是设计的美感，在信息通道中我们关注的是有效性、可用性。产品界面设计要充分考虑人的认知因素及反应特点。

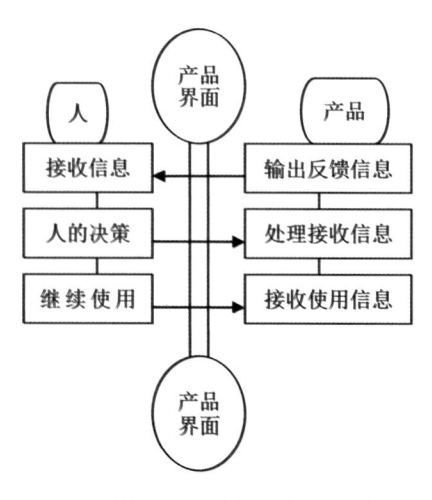

图 3-33 产品的人机系统模型

2. 符号及表示方法

产品界面的主要作用是传递信息。对于信息，人们主要是通过符号来传递的。符号是人们对现实环境的一种表示和抽象，是进行沟通交流的一种载体。任何东西都可以被看作一个符号，任何一个符号都包含三个方面的功能：符号本身、符号所表达的对象、符号的解释。人们借助符号的三个方面的功能进行思维。因此，符号设计必须考虑三个方面的要求：符号被用户感知的具体形式；符号表达的具体情境；符号对应的用户的思维类型。

面对各种类型的符号，人们会用不同的方式去理解。把实际的各种表达载体和现实抽象进行总结分类，可以得到基本的符号种类。这种分类往往不是来自某个人的设计，而是从各种文化中提取出来的。人们的不同的思维方式导致对各种符号的理解也不同。符号理论被看作语义学的一部分，它研究的内容包括：各种类型的符号；人脑对符号的处理过程；符号所表达的信息；人们用它交流时所存在的各种关系等。

符号设计的表现手段丰富多样，并且在不断发展创新，常见手段概述如下。

（1）表象手法

采用与符号对象直接关联且具典型特征的形象。这种手法直接、明确、一目了然，易于迅速理解和记忆，如出版业的标志图形采用书的形象，铁路运输业的标志图形采用火车头的形象等。

（2）象征手法

采用与符号内容有联系的事物图形、文字、符号、色彩等，以比喻、形容等方法抽象出对象的内涵，如用鸽子象征和平，用雄狮、雄鹰象征英勇，用日、月象征永恒，用松、鹤象征长寿，用白色象征纯洁，用绿色象征生命等。

（3）寓意手法

采用与符号含义相近或具有寓意的形象，以影射、暗示、示意的方法表现符号的内容和特点。

（4）模拟手法

用特性相近的事物形象模仿或比拟对象的特征或含义。

（5）视感手法

采用并无特殊含义的简洁且形态独特的抽象图形、文字或符号，给人一种强烈的现代感、视觉冲击感或舒适感，使人难以忘怀。这种手法不靠图形含义而主要靠图形、文字或符号的视感力量来表现。

3. 图标设计

用户通过对产品的操作来实现自己的目的。由于人机交互的过程一般是由视觉传递的信息来完成的，所以用户对界面中的信息表达形式的理解是十分重要的。通常有以下三种视觉信息的表达形式：图标表达、文字表达及这两种表达方法的混合。许多电子类产品，如 MP3、CD 机上通常用箭头、三角号、方形、圆形等符号来表达信息。图标的作用是为用户在使用产品时提供易于理解的信息，方便用户进行下一步的操作。

在文字表达和图标表达两种形式中，图标表达优于文字表达。现在越来越多的产品在界面中使用图标的形式进行表达。这样做的原因如下。首先，图标信息比文字信息更容易被直接感知。其次，与文字信息相比，人对图标信息的加工速度更快，并且人对图标的主观感受和识别的速度也更快。再次，图标信息比文字信息更容易吸引人的注意力。最后，与文字信息相比，人对图标信息的记忆能力更强，对图标传达的信息的熟悉度更高。当使用图标和文字共同表达信息时，可以同时兼顾两种表达方式的优势，因而对用户来说，所传递的信息更易于理解。

图标表达信息的准确性与有效性对用户的操作尤为重要。如何使设计的图标与实际表达的信息一致，也就是说，怎样使图标表达的信息清晰地指明操作的步骤，这是进行图标设计的关键。为了更好地把握以上问题，在设计时应遵循以下原则。

首先，是关于产品界面布局的设计原则。一是顺序性原则，设计界面的整体顺序与操作步骤的流程一致，一般按照自然位置顺序与时间发生顺序相对应来进行表达。比如从第一步到最后一步操作对应从左到右的自然顺序。不能仅仅从整体的美观性出发进行布局。二是分区性原则，如果信息过多，则可以在产品界面上分区表达。如图 3-34 所示，电视遥控器中对有相似功能的按键进行了分区并且用颜色和图标进行了表达。如图 3-35 所示为一款按摩椅的遥控器，其界面设计风格突出，不仅美观流畅，还很符合用户的认知流程和感知方式。

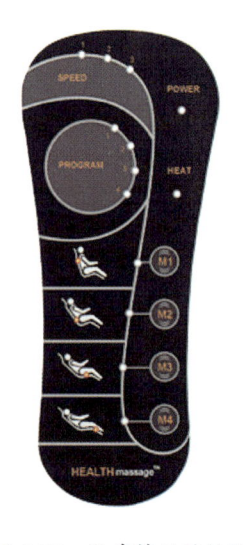

图 3-34　电视遥控器　　　　图 3-35　按摩椅的遥控器

图标表达的原则如下。

（1）合理性原则

在设计图标之前，应该充分调查使用者的操作行为特性，研究使用者通过"手段—目的"思维解决问题的方式，并考虑使用者在操作上发生错误的各种可能性。在此基础上，依据调查分析的结果使设计的图标更为合理。

（2）适量性原则

图标不应表达过多的信息，一旦图标表达的信息超过人的接收容量，则信息在传达过程中就容易出现错误。并且，由于短时记忆的信息容量很小，而储存在长时记忆中的信息容量却非常巨大，所以界面设计中的图标应该表达容量适合的信息。如显示器的开关图标"①"，表达信息为打开电源和关闭电源。这种表达方式符合人对"开关"含义的理解，其图标表达的信息量是合适的。

（3）清晰性原则

在设计中要避免选用容易造成含义混淆的图标。含义清晰明确的图标便于使用者获得操作步骤的信息并做出正确的选择；而含义不明确的图标会让使用者很难了解操作信息，并对操作行为产生不愉快的知觉感受。

（4）简洁性原则

简洁的图标使用户对操作的感知更容易被储存、回忆，并在其被用户转化为操作信息后，遗忘得更慢。简洁图标所表达的操作信息也更容易由短时记忆加工成为长时记忆。

（5）熟悉度原则

尽量采用人们较为熟悉的简化图形，或者采用户通过操作行为更容易回忆起来的图形。如表达"声音"这一信息，用喇叭、铃等图形表达更容易唤起人们的熟悉感，从而更好地理解图标的含义。倘若一味追求形式的新奇带来的视觉冲击，其结果可能反而会让用户对图标难以理解。

（6）一致性原则

在进行产品升级设计时，不要随意改变已有的图标。应保持图标含义的稳定性。

下面分析一下家用洗衣机的界面设计。

如图3-36所示，界面中设计比较好的图标是右上角的电源开关图标，图形沿用了一般开关的图标形式，因而符合设计的熟悉度原则。整体上界面给人的感觉是信息量太大，不符合适量性原则。另外，在操作模式上存在不统一的问题，界面左侧是按键操作，界面右侧是旋钮操作，这种布局方式容易使用户产生疑惑。在功能设定上，按键分项中的项目（比如烘干中的标准）与旋钮中的项目（比如强烘干和弱烘干）有交叉关系，因而容易引起用户理解上的困难。如果此洗衣机面向的是国内用户，那么英文的重复表达就没有必要，因为面对如此多的不明确信息，用户会陷入不知所措的境地。

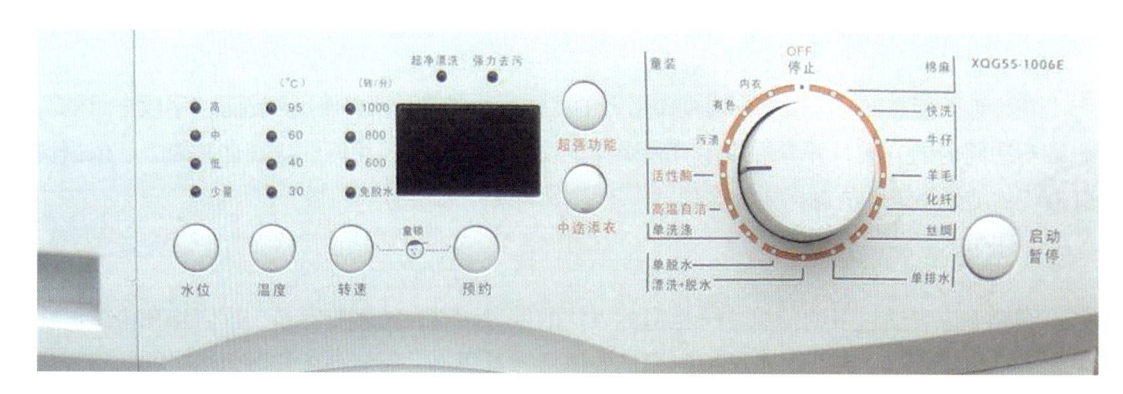

图 3-36 洗衣机面板一

如图 3-37 所示，此款洗衣机的界面比图 3-36 所示的界面更简洁，在操作流程的表达上也比较清晰，整体布局遵循了顺序和分类原则，并在文字的说明中省略了英文表达。但从图标上看，+、-图标的表达使用户在认知上存在一定困难。

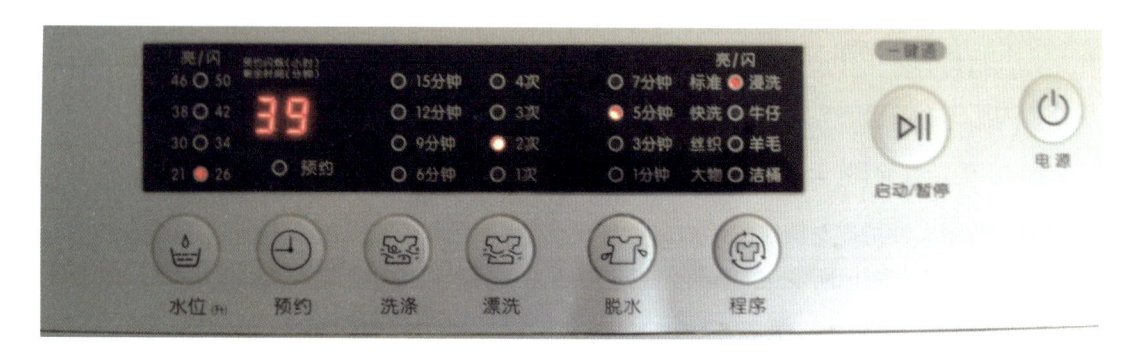

图 3-37 洗衣机面板二

如图 3-38 所示，此款洗衣机的界面简洁、时尚、大方，操作流程清晰，整体布局也遵循了顺序和分类原则，并且由于使用的图标与人们生活中的认知相符，所以更易于理解。

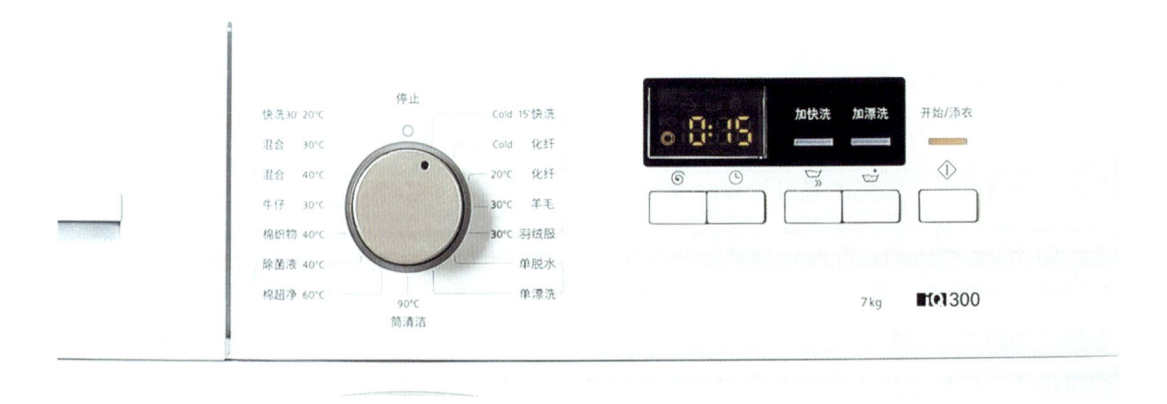

图 3-38 洗衣机面板三

3.4 用户模型

用户模型是关于用户的知识体系，它为设计师进行设计提供了有益的帮助。在设计每一个产品前，都应该先建立用户模型，这也是设计调查的主要目的之一。

3.4.1 有关用户的概念

由于产品的使用者千差万别，所以设计者要对产品所面向的人群做一个细致的分析，以便建立各种用户模型。

1. 用户分类

对于用户的定义，李乐山教授指出："产品的使用者就是用户。"滕守尧教授指出："使用者不一定是消费者，买'脑白金'的人多数不会自己使用，买儿童用品的人几乎都不会是自己使用，所以对于这种产品，营销手段上要针对消费者，设计手法上要针对使用者。如果在设计上只顾包装的美观，而不讲究质量，那就背离了设计师的基本职业操守。"也就是说，用户不一定是消费者，用户的范围要大于消费者。另外，产品的一部分用户是潜在的，是即将或者有机会接触到此产品的人群。

根据用户对产品的使用经验及熟悉程度，用户可以分为以下几种。

（1）新手用户

第一次使用产品的人或还没有使用过产品、还没有学习操作知识的使用者，称为新手用户。对于新手用户来说，由于从来没有使用过该产品，所以必须综合他们熟知的类似产品的使用知识及经验来学习产品的操作过程。新手用户是设计师的主要调查对象之一，从这些调查中，可以了解他们已有的使用经验，从而解决面对新手用户时如何减少他们学习操作的时间问题。

（2）一般用户

一般用户也叫平均用户或普通用户。他们能够操作产品，但不能对产品进行熟练操作。如果长期不操作，他们有可能忘记所学过的知识。由于一般用户操作经验不足，所以在他们面临非正常操作情况或遇到新问题时，往往不能顺利解决。

（3）专家用户

专家用户又称经验用户。首先，这样的用户对产品极其熟悉，他们不仅了解现有的产品，包含同类产品的类别、型号、厂家、细节、产品的操作性能等，还对产品的不足之处，包含操作中容易出现的问题也了如指掌。其次，他们在产品所在领域通常具有10年以上的操作经验，并对产品的纵向发展历程及横向相关领域的信息都很熟悉。最后，他们操作产品的许多技能都已经成为习惯，比设计师更有使用经验，并且由于大多数专家用户具有较高的信息分析和综合能力，往往可以对产品进行改革创新。

专家用户对设计者来说十分重要。通过对专家用户的访谈，设计师可以深入系统地全面了解用户的普遍特性，并汲取和总结他们的经验，这对产品的创新有重要的意义。通过与专家用户的访谈，还可以更好地设计调查问卷，使得设计的调查问卷能抓住关键，从而保证设计问卷的有效性。

（4）偶然用户

在某些情况下，有些人不得不使用某个产品，例如在紧急情况下，用户使用灭火器去灭火。他们并不情愿使用这些东西，却又没有其他办法，这些人被称为偶然用户。偶然用户在使用产品时很典型的一种心理就是陌生感和惧怕感，总是担心哪一步操作错误，会引起不必要的麻烦。消除偶然用户的这种心理，可以从多方面考虑，比如提高产品界面的友好程度，采用一些方法改变产品的原有形象等。最重要的是要引导偶然用户实现正确的操作过程，也就是让偶然用户了解自己做的每一步操作是否正确，下一步操作是什么。这就要求设计的产品界面满足用户的操作需求。

下面是对这四种用户的总结（如图3-39所示）。

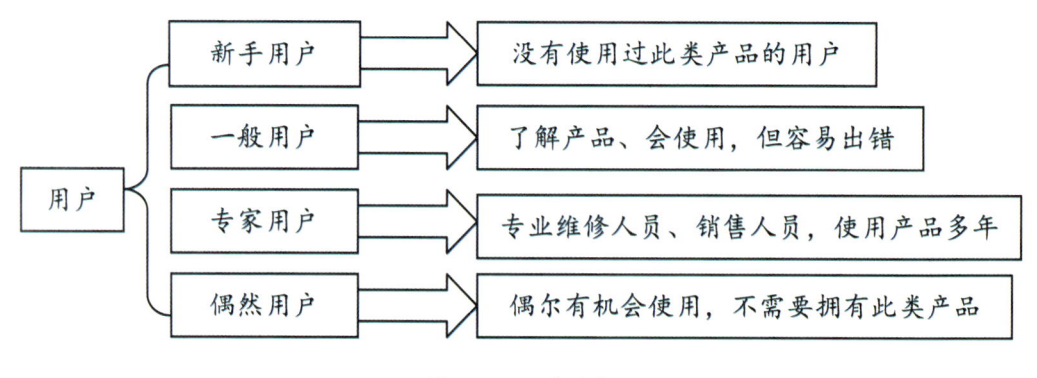

图 3-39　四种用户

2. 用户分析

设计的产品所面向的人群具有不同的特征，对其进行细致的分析是产品满足用户需要的关键所在。用户分析可以从生理特征和社会特征两个方面来进行。

用户的生理特征也可以说是目标用户的生理特征。用户的生理特征包括性别、年龄、左右手倾向、视觉情况、是否有其他障碍等。不同的生理特征具有不同的产品需求。比如，女性手机的需求可能是美观时尚、色彩柔和、形状圆润，而男性手机可能就要求稳重大方、功能方便。

用户的社会特征包括生活地域、受教育程度、工作职位、经济收入、产品使用经验等。具体地说，就是用户所居住的地域对产品有什么要求；用户是否受过高等教育，文化程度及素质的高低；用户工作地点、环境是怎样的，每天工作时间是多少，时间如何分配；用户收入在哪一个等级；用户有无使用过同类产品，熟练度如何等。了解这些是为了更好地了解用户的需求，从而设计出更加符合用户特征的产品。

3.4.2 用户的价值观与需求

对工业设计师来说，设计什么、怎样设计，首先要了解用户的价值观，因为用户的价值观决定了他对什么样的产品是认可的。这种认可涉及信仰、文化、情感、认知、思维、行为等方面。这些方面对每个人的行为、选择、行动、评价起着关键的作用。

1. 用户的价值观

什么是价值？菲德认为价值是"经验的有机总和，它涵盖了过去经历的集中和抽象，它具有规范性和应该特性"。价值给人们提供了判断标准，影响人们对事件及行动的评价。价值也是人们情感寄托的基础。

任何文化都具有价值标准，不同文化的价值标准也是不同的。它主要包括三个方面的标准。一是认知标准。一般是指文化中多年沉淀下来的对一般事物的普遍看法及对真理的认同标准，而不同的文化有着不同的认知标准。比如中国人认为女性生孩子以后一定要"坐月子"，不能碰凉水；而西方的文化里，在女性生完孩子后第二天就可以吃冰激凌。二是审美标准。中国人的审美中普遍认可柔和、婉约的东西为美，西方如德国等国家则认可几何的直线形为美。三是道德标准。各种文化都具有道德的评判标准。尊老爱幼是我国的传统标准，而西方比较尊重个人的权利及隐私。

核心价值观是一个人或者一个社会普遍认可并为之共同追求的价值观。从社会层面上讲，中国以家庭为核心，"家和万事兴"是从古至今大家共同认可的核心价值观之一。而美国的核心价值观是个人英雄主义，社会认可通过个人奋斗实现个体价值。从产品设计层面上讲，二百年来西方工业革命都是认可"以机器为中心"的核心价值观，而今天人们越来越认可"以人为中心"的核心价值观。

任何一个产品的设计都是为了满足一定社会中一定人群的需要，那么了解他们的核心价值观则是至关重要的。设计师要抓住"以人为本"的价值核心，设计出满足人们需要的新产品。而这些新的产品必须是符合人们的各种价值观的，比如审美观念、文化观念、认知观念等。

2. 目的需要和方式需要

核心价值下的分类描述称为目的价值，实现目的价值的各种具体方式称为方式价值。目的价值是根本，方式价值是具体表现，它可以直接对产品设计进行指导。目的价值对应的需要是目的需要，方式价值对应的需要是方式需要，如图3-40所示。

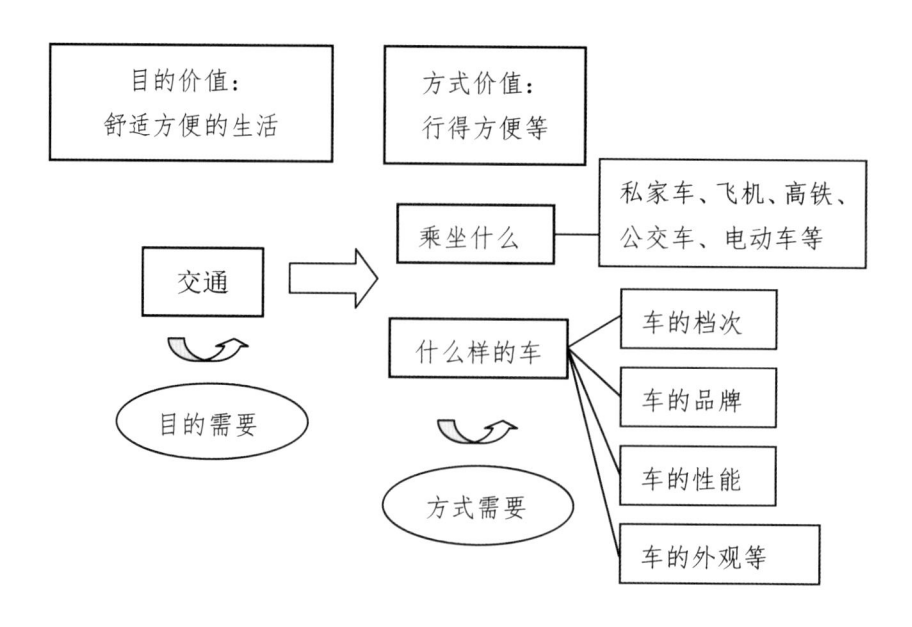

图 3-40　目的需要与方式需要

对于设计师来讲，目的需要的确立是很重要的，而设计的多样性主要来自方式需要。设计师要在了解社会核心价值观及个体核心价值观的前提下，分析人们的目的需要及方式需要，从方式实现目的入手，设计开发新的产品。

3.4.3　设计调查

设计师怎样才能发现人们的需要？只能是通过一定的调查来完成。这种调查是在基础心理学基础上的调查。设计调查的主要目的是调查用户的需要。这些需要主要包括人类的生态需要、人类社会的持续生存需要、文化需要、操作使用需要、认知需要、审美需要及情感需要。

1. 设计调查与市场调查的区别

第 1 章介绍了设计心理学的研究方法，其中包含比较成熟的社会学调查方法、心理学实验和调查方法、市场调查方法等，但是针对设计来讲，系统的调查方法还有待完善。许多人用市场调查来代替设计调查，往往不能得到完整的设计所需要的信息。下面来分析一下设计调查与市场调查的区别。

（1）设计调查以心理学和社会心理学为依据，目的是调查产品的使用特征。市场调查主要针对销售产品，关注销售信息的反馈，这种方法很难发现市场上不存在的产品的信息。

（2）通过设计调查可以了解整体社会及个体对全新产品的期待，开发全新产品。市场调查是为了弄清楚已有产品在整体市场的状态，从而保证企业的利润，只适用于已有产品的改良设计。

（3）设计调查中包含市场调查，市场调查是设计调查的一部分。设计调查往往从专家用户开始。通过对专家用户的访谈，可以进一步发现有关产品各个方面的问题，并据此选择适合的方法进行调查。

2. 设计调查的方法

设计调查方法主要来自实验心理学和社会心理学。这些调查是了解用户的主要途径，主要包括访谈法、问卷调查法、观察法、有声思维法、回顾法等。通过这些方法可以了解用户的文化（如价值观念、行动方式、生活方式、审美心理等）、知觉期待和预测、感知方式、认知方式（注意方式、思维方式、理解方式、表达和交流方式、发现问题和解决问题方式、对符号的理解选择和决断方式等）、操作方式、情绪感受、学习方式和理解操作出错方式等。在进行具体调查时，往往需要综合使用各种方法。

（1）访谈法

访谈法是为了了解用户的真实想法。因为设计者即使拥有丰富的人因学知识，也很难知道用户真实的思维和行动方式。首先，设计调查中最重要的和最有效的调查方法是调查几个专家用户，对他们进行开放式的深入访谈。典型的专家用户可能是该产品的维修人员、有经验的销售经理、生产该产品的有经验的企业总经理等。其次，调查自己的亲朋好友及相关人群，可以和他们进行直接问答，能够较快地获得所需信息。设计者通过访谈，可以了解各类用户（新手用户、一般用户和专家用户）的特征。一般情况下，一次访谈需要 1～4 小时，可以由浅入深逐步深入，把相关问题全部弄清楚。

（2）问卷调查法

问卷调查法是一种常用的调查方法。问卷中的问题通常来自访谈后所归纳总结的问题。归纳总结访谈中有关用户的分类、心理特性等问题，然后通过问卷的形式进行调查。问卷设计应该便于用户简单回答，把填写问卷的时间控制在几分钟到半小时以内。

（3）观察法

通过观察用户的实际操作来了解用户的认知过程和行为特点。一般将用户操作分为两类：正常操作和非正常操作（包括非正常环境，如情况紧急时；非正常心理，如疲劳时等）。观察他们的使用动机、操作过程、性情变化、喜好表露等，记录他们的操作过程。在观察过程中，要特别注意用户视线的移动方向，因为用户视线的方向反映了用户的注意方向，表明了用户的操作意图。另外，在此过程中要让用户连续地进行操作而不能中断。在进行实验时，也可以使用录像机，把用户的操作过程拍摄下来。这种方法的优点是可以清楚地了解用户的行为过程，但对其思维过程却不了解。

（4）有声思维法

有声思维法是通过用户叙述自己的思维过程来了解用户的思维模式的方法。在用户调查中最难了解的是用户操作中的思维模式。在调查中，用户一边进行操作，一边把自己的思维过程口述出来。在此过程中，也可以使用摄像机把用户的操作步骤拍摄下来，以供后期分析使用。这种方法有助于设计师了解用户的思维模式。

（5）回顾法

这种方法是在用户操作结束后，写出对产品的印象、存在什么问题、什么操作不适应及什么东西难以理解等内容。用户的回顾可以提供用户对操作的大致评价。这种方法不适合调查用户操作时的思维模式。

3. 设计调查的基本目的和内容

设计调查的基本目的有三个，调查的基本目的及用户模型如图 3-41 所示。

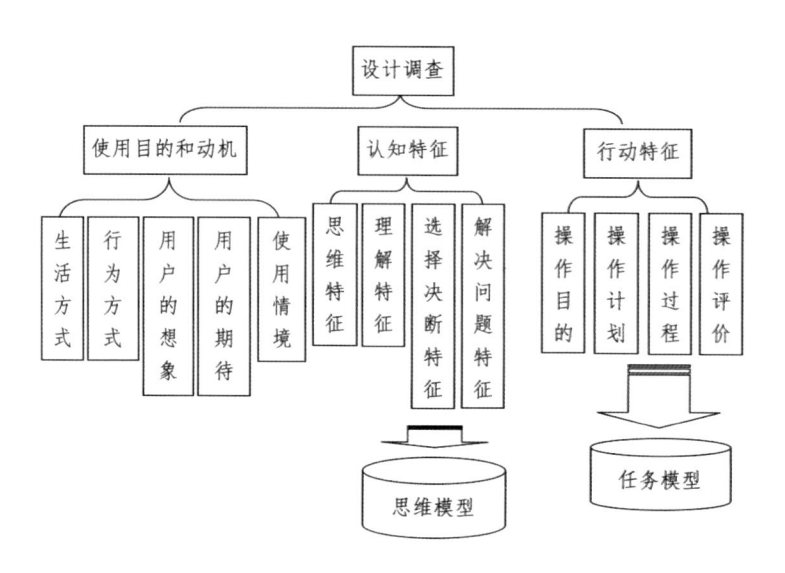

图 3-41 调查的目的模型

（1）了解用户使用产品的目的和动机

通过调查用户的生活方式、行为方式、用户的想象、用户的期待及产品的使用情境等来分析、归纳出用户的价值观念、需要及使用心理，并最终确定用户的使用目的和动机。

（2）了解用户的认知特征，建立用户的思维模型

主要了解用户在思维过程中的特征，具体包括思维特征、理解特征、选择决断特征及解决问题特征。通过对以上内容的分析、归纳可以建立用户的思维模型。

（3）了解用户的行动特征，建立用户的任务模型

主要了解用户的操作过程，具体包括操作目的、操作计划、操作过程及操作评价等。在获取以上信息后，可以建立用户的任务模型。

设计调查主要包括以下内容。

（1）用户对该产品的基本看法

用户对产品的外观评价、使用感受及整体评价等，这些内容与用户的生活方式、行为方式、使用目的等有关。

（2）用户学习使用的过程

在用户学习使用的过程中，主要通过观察法和有声思维法了解用户的思维模式。用户在使用过程中表现出的特别的操作及使用方式是调查的关键所在。对于关键信息，可以调查多个用户后再进行归纳总结。

（3）用户的操作过程

操作过程是决定产品易用性的关键所在，也是设计调查中要了解的关键内容。要特别了解用户为完成任务所做的思考，包括做什么、怎么做、先干什么、后干什么整个的思考过程。也就是要了解目标如何转化成意图，意图又如何转化成一系列的内在指令。通过观察法及有声思维法，对用户的操作过程进行分析，目的在于突破固有的思维模式，发现用户自发的思维模式。

（4）用户关于减少出错的各种建议

用户在使用产品的过程中，会出现各种各样的错误。对于经常出现的错误，一定要特别注意，因为这类错误有可能是由设计引起的错误。作为设计者应认真聆听用户的建议，这对于改进产品的相关特性有重要的作用。

（5）使用感受及改进建议

通过访谈法和回顾法来了解用户的使用感受，并让他们提出改进建议。在用户访谈中，专家用户的感受与建议是对设计非常有用的信息。在调查中，要听取专家用户的改进意见；也要特别关注维修人员，因为他们知道产品功能方面的优缺点、容易损坏的零部件及用户对产品的评价等。

（6）操作中的思维过程

操作中的思维过程是很难把握的。用户在操作中是伴随着思考的，如何了解用户这一思考过程是很关键的问题，具体可以通过有声思维法，也可以借助摄像机等辅助设备，在调查后对整个过程进行细致的梳理与分析。

（7）对图标、按键、界面布局的理解

图标、按键、界面布局是产品使用方面必须考虑的问题。图标、按键设计得是否合理对操作的难易程度有着很大的影响。

（8）产品使用的各种环境和情景

在设计调查中，注明使用的环境和使用情景有助于后期的数理统计。因为在不同的使用情景下，用户的思维模式是有差异的。例如，在白天和夜晚不同的情景下操作同一个产品，用户的使用感受不同。在调查用户操作行为的过程中，通常会预设一个特殊的情景，比如用户因时间紧迫而迅速拨打电话，用户着急地寻找电话号码等。整个过程属于非正常思维下的操作。设计者通过了解以上情况下的操作信息，可以设计出紧急情况下的操作模式。比如手机快捷键就是为了满足这种紧急情景下的需求而设置的。

（9）用户的背景信息

用户的背景信息包含用户的年龄、所在地域、受教育程度、家庭情况、价值观念、生活方式、时间观念、经济状态等信息。该信息对产品进行市场细分及理解用户有很大的帮助。

4. 调查分析报告

对专家用户进行访谈后，不仅要写出用户调查过程和调查内容，更重要的是写出调查后的分析报告，其目的是搞清楚哪些问题需要进一步进行统计调查，哪些信息可以用来建立用户模型。调查分析报告可以以思维模型为主线进行编写，也可以以用户的任务模型为主线进行编写，还可以两者综合起来一起进行编写。

3.4.4 用户模型

用户模型是设计师应当具有的关于用户的系统知识体。它涉及用户的需求、用户的价值观念、用户的行为特性、操作时的思维方式等方面的内容。建立用户模型的意义在于帮助设计师在设计之前形成对产品的服务对象的整体知识体系，从而减少设计的盲目性，为设计提供可靠的理论依据。一个完善、合理的用户模型将有助于理解用户特性和类别，理解用户动作、行为的含义，从而更好地控制系统功能的实现。建立用户模型的主要参考来源于行动心理学、认知心理学和社会心理学等方面的内容。

1. 理性用户模型

理性用户模型是心理学家诺曼建立起来的。他把行动分为四个阶段：意图阶段、选择阶段、操作实施阶段和评价阶段。其中，在操作实施阶段包含操作步骤中多个实施和评价的子过程。这四个阶段的过程具体如下。

意图

选择

操作实施：实施和评价

　　　　　实施和评价

　　　　　实施和评价

　　　　　……

评价（对总意图）

在一个行动过程中，首先，用户会形成操作意图。然后，用户依据所获得的信息及意图的指向进行选择。用户的一部分意图直接转化为一个行动，另一部分意图可能需要在以后的操作过程中转化为行动。在操作实施阶段，用户依据行动实施后的反馈做出评价，然后进入下一步的实施和评价过程，不断重复直到完成全部实施和评价过程。最后行动结束，用户做出总的评价，评价的标准是最后的结果是否符合最初意图。

以上行动的阶段理论高度概括了各种行动的共同因素，但在各种具体的行动中所包含的因素远不止这四个。在任何操作中都可能包含发现问题、解决问题、尝试、选择和决策、学习等其他因素。所以说把行动分成四个阶段的用户模型是一种理想的行动模型，它忽略了行动中的具体特性，因而属于一种理性的用户模型。由于这种用户模型较少考虑用户操作产品的具体行为特性，所以它较难解决操作中的实际问题。

为了较好地解决产品操作中的具体问题，李乐山建立起了非理性用户模型。他认为建立任何一个实际的用户行动模型，都必须针对具体问题进行具体分析。

2. 非理性用户模型

建立非理性用户模型的核心是除了考虑一般的理性因素外，还要考虑非正常情况下的各种因素，如非正常心理因素、非正常环境因素及非正常的操作状态对用户行动的影响因素。非理性用户模型打破了以往以理性思维为核心的惯有模型。因为非理性用户模型更加贴近行动的具体情况，所以据此模型设计的产品更符合用户的实际需求。

非理性用户模型来源于某个具体的设计对象的知识体系。由于人认知的普遍性，许多用户模型在整体上基本相似，但涉及具体情况就会有所不同。例如，对于同一类产品，面向从事体力劳动的用户和面向从事脑力劳动的用户所设计出的产品是不同的。所以对于某一类产品的设计问题，是没有作为标准的统一的用户模型的。在进行实际产品的设计时，要对每个具体的产品建立具体的用户模型。

用户行动模型应该重点描述用户操作特性，一般情况下可以从两个方面来进行分析和描述：用户思维模型和用户任务模型。思维模型主要用于观察、分析用户的思维方式和思维过程，任务模型用于观察、分析用户的目的和行动过程。

（1）用户思维模型

用户思维模型是用户大脑内表达知识的方法，也可称为认知模型。建立用户思维模型的目的是调查了解用户在操作前、操作中、操作后的知觉特性和认知特性。例如，用户如何感知产品运行情况，怎么处理突发情况等。设计师调查了解用户的思维模式，由此设计与之相符合的人机交互界面，可以在很大程度上提高产品的可用性。

用户思维模型包含以下几个方面。第一是环境因素。它包含用户、其他有关人员、操作对象、社会环境与操作环境、操作情景。第二是用户的知识。它包括用户对一个产品的使用知识，也就是在以前的经验中所总结的关于产品怎样操作的概念。第三是用户行动的组成因素，主要包括感知、思维、动作、情绪等因素。感知是指操作中用户的感知因素（视觉、听觉、触觉等）和感知处理过程，带有目的性和方向性。比如在操作计算机时，什么时候想

-085-

看（寻找、区别、识别）什么东西，在什么位置上看，想感触什么样的操作器件。思维包括用户对操作的理解、对语言的表达和理解、用户的逻辑推理方式、解决问题方式及做决定的方式等。动作指用户用手或其他人体部位进行的操作运动。人的操作是由基本动作构成的，它与动作习惯、操作环境和情景有关。

（2）用户任务模型

任务在心理学中与行为相关。用户任务模型是指用户为了完成各种任务所采取的有目的的行动过程。用户任务模型分为非理性模型和理性模型。非理性用户任务模型更多关注情感、个性和动机等非认知因素。非理性用户的核心思想是不存在普遍适用的用户任务模型，针对每一个具体设计项目，都必须进行用户行动过程的具体调查，系统了解他们的行为特性，建立具体的用户任务模型。在理性用户任务模型中，用户操作产品的过程包括以下几个阶段。

① 建立意图。用户的价值和需求决定其目的和动机。在使用操作产品时用户有许多的动机和目的，怎样从可能的目的中选择一个目的，怎样把复杂的目的分解成若干个简单的子目的，都是需要考虑的关键问题。

② 制订计划。为了实现目的和动机，用户要建立行动方式动机，也就是行动计划。行动计划是确定时间、地点、操作对象、操作过程的计划。

③ 将行动计划转化为产品的操作。它是由人的思维到行动方式再到产品的执行方式的过程。

④ 行动执行。它是用户具体行动的过程。用户每完成一步操作，都会通过各种感知把中间的结果与最终目的进行比较，纠正偏差继续行动或中断行动。

⑤ 进行评估。完成行动后要进行检验评价。对设计模型来说，要发现用户的全部目的和期望、全部可能的操作计划和过程及全部可能的检验评价结果的方法。评估的结果最终可能产生新的意向。

3.5 用户出错

在产品的使用过程中，经常会遇到操作出错的问题。也可以说，出错是用户的基本属性之一。20世纪80年代后出现过飞机、核电站、大型油轮操作的严重事故。进入21世纪以来，尽管技术飞速发展，但同样避免不了事故的发生。2011年7月中国高铁通车后不久出现重大事故，海上采油公司也出现过漏油事件。这些事故怎样才能避免，人们从中可以吸取怎样的教训是人们一直思考的问题。就产品设计来说，分析用户出错的原因可以在设计中尽量避免此类问题的产生。

3.5.1 三种概念模型

一个好的设计可以避免一些错误的产生。我们可以从产品的三种模型角度来分析一下用户在操作产品过程中错误是怎样产生的。

1. 产品设计模型

描述机械或程序是如何实际工作的模型通常叫作系统模型。一些机械产品是由机械装置实现它的功能的。比如电影放映机，它在不到一秒的时间内用强光照过一张半透明的、微小的图像。然后挡住光线在同一瞬间把下一张小图像移进来，接着去掉光线的遮挡再重复以上过程。这个过程每秒重复 24 次，从而使电影放映机完成其放映连续图像的功能。系统模型在很大程度上是技术模型，而为使技术模型能够被用户理解，设计人员往往会在了解用户的知识结构的基础上，建立一个容易接受的产品设计模型。此产品设计模型不一定与系统模型相符合，它往往是经过简化，且符合人们的常规认知的一个概念模型。

2. 用户思维模型

用户思维模型是指用户在与系统交互作用的过程中形成的心理模型。人们习惯对事物加以解释，一种物品的心理模型大多产生于人们对该物品可感知的功能和可视结构进行解释的过程中。这就形成了针对事物作用方式、事情发生过程和人类行为方式的概念模型，即思维模型。用户思维模型的产生依赖用户的知识结构。对于用户来讲，如果产品是全新的，用户一般通过系统的外观、操作方法、对操作动作的反应，以及用户手册来建立概念模型。换句话说，用户思维模型的产生是依据在实际操作前、操作中和操作后的知觉特性和认知特性，以及产品手册建立的。如果产品对用户不是全新的，那么他的思维模型是建立在原有对此产品认知的思维模型基础之上的，通过知觉特性和认知特性再进一步修正，便形成了对现有产品的思维模型。

3. 产品系统表象

系统表象（systemimage）是设计师所设计的产品的行为外观、系统模型的表象。它一般包括设计人员所设计出的产品的形态、色彩、大小等用户能感知的元素，以及所提供的关于产品的功能及与操作有关的用户手册和产品资料等。产品系统表象对于用户操作来说是十分重要的，如果系统表象杂乱或不恰当，用户就会觉得该产品很难操作。

三种模型是产品在不同的设计阶段确定的不同模型。它们之间的关系如图 3-42 所示。

在用户的认知过程中，用户首先看到的是系统表象。用户根据自己的经验及客观的认知规律，把系统表象反映到自己的头脑中形成对产品概念模型的认知，并在此基础上，进行动作过程，在不断的反馈中验证自己的认知，完成操作。也就是说，用户思维模型是在看到产品后开始形成的。用户将系统表象作为信息来认识，形成用户思维模型。系统设计模型由于是技术人员所建立的概念模型，这个模型往往太过专业，技术性较强。而对于产品的最终使用者来讲，只要建立容易理解和易于正确操作的用户设计模型即可。怎样帮助用户建立起正确的设计模型是设计人员必须解决的问题。产品的实用性取决于产品开发者的意图能在多大程度上以思维模型的方式准确地传达下去。设计人员建立的概念模型越接近用户思维模型，产品的易用性就越好。但由于设计人员无法与用户直接交流，所以建立恰当的概念模型并不容易。用户通过系统表象，也就是产品的界面来认识产品功能，建立思维模型。如果系统表象不能清晰、准确地反映设计模型，用户就会在使用过程中建立错误的概念模型。因此，系统表象对设计来说格外重要。

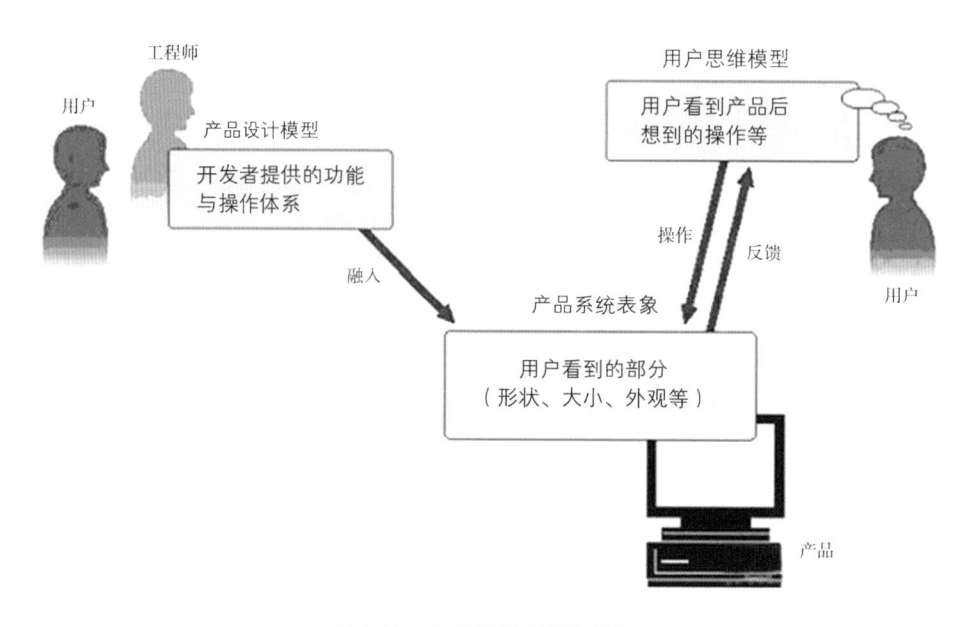

图 3-42　三种模型之间的关系

用户在操作产品时，是根据自己所理解的操作模式来进行的。而这个操作的模式是设计师首先确定的，当设计模型中设计师的思维与用户的思维不相符时，就会出现用户的操作错误。即使设计模型与思维模型是相似的，设计表达此设计模型时，设计者设计的外观、符号、布局等系统表象与用户的理解一般也会存在偏差，从而出现操作的失误。

总之，这三个模式是紧密相联的。用户思维模型决定了用户对产品的理解方式。设计人员掌握着引导产品使用方法的产品设计模型，决定了产品的操作方法是否易学易用。将产品设计模型具体化的是产品系统表象。用户根据系统表象产生思维模型。设计人员应该保证产品的系统表象设计能够反映出所建立的产品设计模型。只有这样，用户才能建立恰当的模型，将意图转化为正确的操作，从而减少用户的出错。

3.5.2　用户出错的类型

Reason（1990年）按照心理学方式定义了出错的概念。"错误（error）被看作一个普通术语，包含下列各种情况，一个有计划顺序的心理或体力活动没能达到预期的结果，并且这些失败不能被归属于一个改变的中介引起的干涉。"在这个定义中，我们看到如果一个有计划顺序心理出错，可能是在心理活动计划的初期，是动机形成时期出现的不正确的意图，也可能是这个有计划顺序的心理在执行过程中出现了转换或偏离。另一种情况是体力活动没能达到预期的结果，这是和动作的过程直接有关的。

心理学家通过对出错进行分类的方法对操作中的出错问题进行了研究。丹麦心理学家Rasmussen将人的活动与决策分为三类：技能行为、规则行为和知识行为。在此基础上，Reason将人的出错分为以下三种类型。

（1）失策（mistake）

失策指在形成意图的最初就出现了错误，也就是在完成某项活动时，方向根本就不对，南辕北辙了。在产品操作过程中往往是用户对产品的主要功能、产品带来的预期结果不清楚，比如，想用打印机去复印文件等。

（2）失误（lapse）

失误指在操作过程的实施分步的转换中出现了偏离，不能完成最初的操作意图。

（3）失手（alip）

失手指在操作过程的具体动作中，出现了动作不到位，或者出现了另外没有计划的动作。比如，想把圆珠笔从左手递到右手，但是由于失手却把圆珠笔掉到了地上。

在这三种错误中，失策往往出现在规则行为和知识行为中。因为在规则行为和知识行为中，规则和知识是形成意图的前提，这些规则和知识驱动了意图的产生。如果意图错误，则在这两种行为中失策是最主要的失效形式。

与规则行为相关的失策有两种情况。一种是错误地使用了正确的规则。由于使用规则的具体环境的改变，或使用规则的条件不同，都可能造成原来正确的规则现在不再适用。另一种是使用了不正确的规则。由于主观主体判断失误，或者在没有选择的情况下，都可能使用了不适合的规则，从而产生失策。

对于知识行为中的失策，情况比较复杂。知识行为中的主要控制方式是反馈控制，通过现场信息反馈，去修正行为，减小当前状态与目标状态之间的差异。反馈过程中的任一环节出现问题都会产生失策。其中主要原因是由于理论知识只是一种概述，而没有提供具体情况下的方法。所以在用户忽视现场中的某些要素、片面地看待事情、不能把握因果关系、产生错觉的情况下都会导致知识行为中的失策。

在技能行为中，操作过程不是通过反馈来完成的，而是通过存储的成套操作动作、固定的操作模式和规则进行前馈控制的。失误和失手大多在技能行为中产生，主要由疏忽（inattention）和过分注意（overattention）造成，具体分析如图3-43所示。

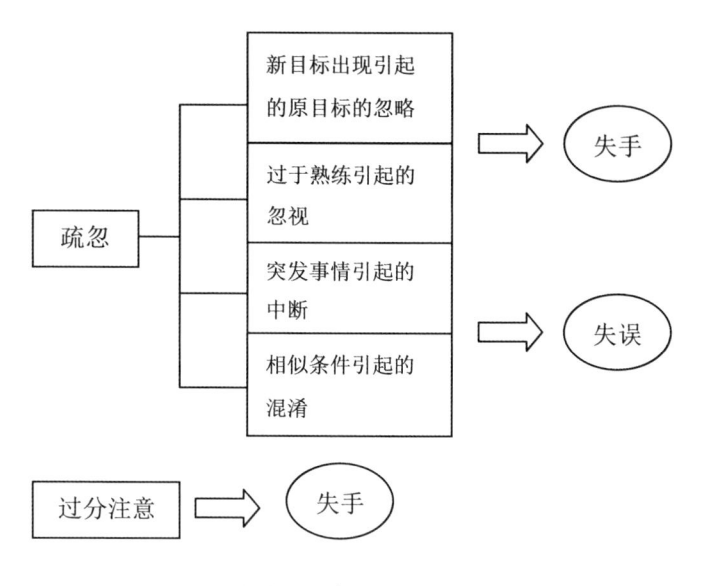

图 3-43 技能行为中失手和失误产生的原因

3.5.3 设计引起的用户出错

用户在操作产品时经常会出现错误，这是难以避免的。但是，如果许多用户在操作同一产品时，却总是犯相同的错误，那么，我们就应该好好思考一下，看这个错误是不是由设计师所做的设计引起的。

现在汽车已经走向普及，对某一辆车来说，驾驶者通过汽车驾驶室的操控面板来调节温度。问题是如果想把温度调得高一些，应该怎样操作？如图3-44所示，老版伊兰特的操控面板中，与调节温度相关的有两个旋钮，一个是温控旋钮，另一个是风扇旋钮。据测试，人们第一反应是把风扇从低挡调到高挡，比如从1挡调到3挡。但是风扇控制的是入风量，调整温度的最有效方法应该是调整温控开关。这种错误操作的原因与设计有关。首先，在大多数车内，温控开关（最右侧的开关）是无刻度的，而风扇开关（中间开关）是有刻度的。温控开关因为没有刻度及量化的数字，所以对温度的提示是含混不清的。而风扇开关是以等级来量化的，符合日常生活中人们对风量大小的认知。所以从这个方面来说，用户潜意识里优先选择了控制比较精确的风扇开关。另外，从面板的三个操控旋钮的位置来讲，风扇开关在中间，温控开关在右侧，风扇开关距离驾驶者比较近，用起来更加方便，所以用户优先选择了这个旋钮。

在后续的操控面板设计中，设计者可能注意到了这个问题。新版伊兰特的操控面板改变了温控旋钮的位置（见图3-45），使之距离驾驶员最近。并且在旋钮的造型上选择了圆形带红色刻度标记的方式代替了原来的造型，使之更易于操作者理解。

如图3-46所示，奥迪TT的操控面板上的温控旋钮是直接用温度数值来表示的，这样的表达符合人们对温度的认知模式。所以在温控旋钮的准确表达方面，这样的设计是比较好的。

图 3-44　老版伊兰特的操控面板 　　　　图 3-45　新版伊兰特的操控面板

图 3-46　奥迪 TT 的操控面板

在实际生活中，设计引起的出错还有很多。以往在机械工厂的冲床操作中常出现伤人事故，那就是因为使用者在用脚控制开关的同时，还要用双手兼顾工件的加工操作。这样的操作过程对操作者的动作协调性要求过高，很容易在操作者注意力分散时出现操作错误。此类设计引起的出错，从设计师的角度来讲原因主要有以下两点。

主观上，对设计思想认识不足，没有以用户为中心进行设计。具体表现为设计者从自己的专业知识出发，不了解用户的思维模式，喜欢标新立异表达自己的个性，喜欢随意改换操作界面和操作流程，喜欢设计新奇的符号等。

客观上，设计者对与用户操作相关的信息表达得不充分。具体表现为造型所给的知觉暗示不明显；没有建立起正确的反馈；设计得不直观、不可见、不简洁，限制不足；没有选择直接表述结果的方式；有过多的操作记忆等。

3.5.4　避免设计出错的设计原则

在产品设计中应遵循一定的设计原则。如果这些设计原则是以用户为中心总结出来的切实可行的一般规则，那么设计师所设计的产品则具有较好的易用性，也就减少了用户的出错。避免设计出错的设计原则一般有匹配性原则、限制性原则、沿袭性原则、简便性原则和交互性原则。

1. 匹配性原则

所谓匹配，是指事物之间的相关性较高。具体来讲，是指设计的系统表象与人的感知特性相符。它使用户自然而然地把两者联系起来。其目的是让使用者可以直观、明了地接受匹配关系的含义而不产生歧义。

从操作方式上来说，设计的结构形状与人感知到的操作方式相对应。简单地说，就是设计要素（形状、结构、布局等）为操作行为及信息的传递起着提示、暗示的作用。设计的形状与结构引导了正确的操作方式，因为在使用产品时，用户感受的并不是外观的几何结构，而是零部件的整体结构、部件之间的组装结构、功能结构及与操作有关的操作结构。

如图3-47所示是一组不同形状的把手，这些把手的不同形状提示了不同的开启操作方式。图3-47（a）中的把手，给我们的提示是下压的操作。图3-47（b）中的圆柱形把手提示用户发出旋转的动作进行操作。图3-47（c）中的拉手是环状的，它给用户的提示是往外拉拽的操作。图3-47（d）中的汽车把手让用户很自然地去握住以拉的动作方式来打开车门。而图3-47（e）中的汽车把手形状提示用户用抠的动作来完成打开车门的操作。

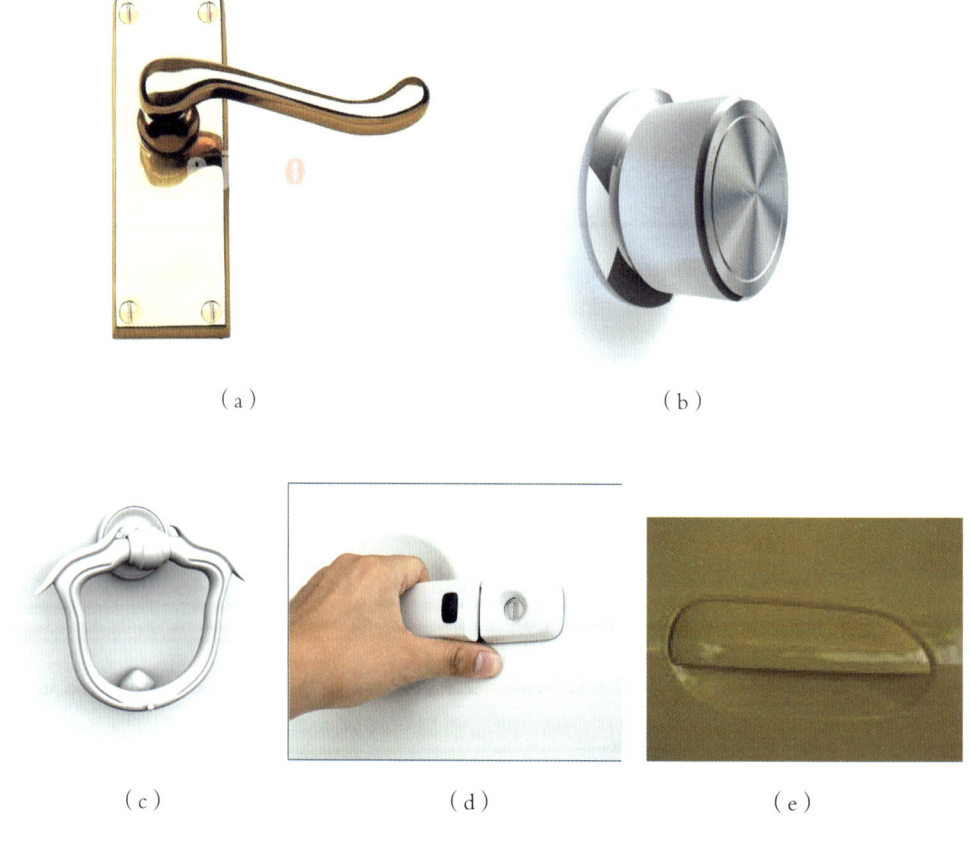

（a）　　　　　　　　　　　　（b）

（c）　　　　　　　（d）　　　　　　　（e）

图3-47　一组不同形状的把手

好的产品外形可以反映其内部结构的形式，从而提示正确的操作。如图 3-48 所示为两种不同结构的打火机。图 3-48（a）所示的这款打火机，其运动方式是手用力后，打火机上部沿弧度滑动。其外部形状采用与此运动方式相对应的弧线表达。而图 3-48（b）所示的这款打火机，其内部的运动方式是垂直向下的，其外部也采用了与此运动方式相匹配的竖条的形式来表达。这样人们对产品的操作性能就可以一目了然，避免了操作的错误。

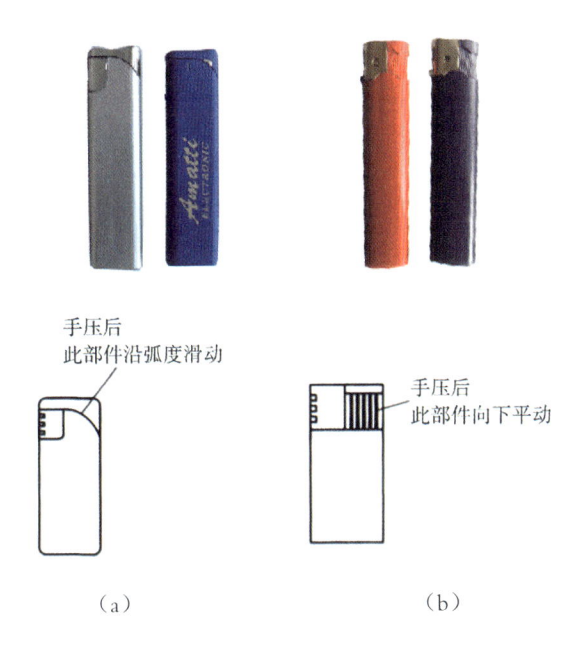

图 3-48　两种不同结构的打火机

2. 限制性原则

限制性通过使用非通用性的形状和结构来减小用户的操作范围，使他们认识到正确的操作方式，并对此做出正确的反应。另外，限制因素并不一定是有形的物理结构，诺曼就把非物质的某种强制性的必须遵守的规则称为强迫性功能。比如，用户在使用手机时，往往有一个锁定键，只有解开这个键以后才能进行操作。这种限制性设计是为了让手机不会在一定情况下自动拨出电话，是出于安全性的考虑。

限制性用途的使用增加了产品操作的准确性、安全性、稳定性，但也会带来负面的影响，比如，它会增加用户的认知负担、影响用户的操作情绪等，所以在设立限制性用途时要慎重考虑。

我们看这样一款手提电脑，如图 3-49 所示。电脑的左侧有一系列的插口，其中两个是 U 盘插口。在进行插 U 盘的操作时，因为不一样的插口结构限制了 U 盘的插入范围，用户只有在正确的插口上才能完成操作。这种设计是符合限制性原则的，它保证了产品使用的安全性、稳定性。当然，这也给用户增加了一定的认知负担，用户必须在 USB 母口和公口相配合的情况下才可以完成操作。

图 3-49　USB 接口

3. 沿袭性原则

沿袭性是指设计师在设计产品时，对于用户已经习惯的操作界面或操作模式，不要轻易做出改变。因为用户在使用产品的过程中一旦养成某种习惯，就很难改变。比如，用户在更换手机时，往往会选择同一品牌的手机，这是因为同一品牌下手机的操作思路具有一定的延续性。完全陌生的操作方式与流程会给用户带来紧张、不知如何操作的心理感受。养成习惯的用户会对以往自己熟悉的产品具有较大的依赖性，所以不要轻易改变长期建立起来的产品操作模式。

4. 简便性原则

简便性原则主要体现为产品设计模型应符合用户思维模型，设计的产品要方便、实用。另外，设计的产品系统表象还应易于理解，没有复杂难懂或是含混不清的表达。这也要求设计师不以美观性作为评判外观形态及符号表达的唯一标准。

对于用户来讲，如果整个操作过程步骤多、动作要求精细、难度高，那么设计师可以考虑用自动化的方式或者感性直观的方式来解决这个操作模式。比如，旧式照相机的操作比较复杂，需要调整光圈及拍摄速度等，而这些数据的选取需要有一定的专业知识，这使得旧式照相机很难普及。后来出现了全自动照相机，其操作模式就变成了按下快门这样简单的一个行为，这使照相机的出错问题大大减少，照相机也得到了普及。

5. 交互性原则

交互性是指产品和用户之间的交流。良好的交互性可以引导用户完成操作过程并在操作中及时了解进行中的状态信息。产品的反馈是交互性中的关键要素。用户可以根据产品的反馈来判定所进行的步骤是否正确，是否需要中断操作等。在具体的操作中，反馈内容包括操作过程前的提示反馈、操作过程中的状态反馈及操作完成后的确认反馈等。产品反馈的方式一般是视觉反馈形式，也有声音反馈形式。比如，全自动洗衣机在洗衣功能完成后会有声音反馈提示。

在计算机的使用中，视觉反馈时时存在。比如，在复制命令下达后，用户可以通过图 3-50 所示的界面看到移动的文件及文件复制移动的状态。

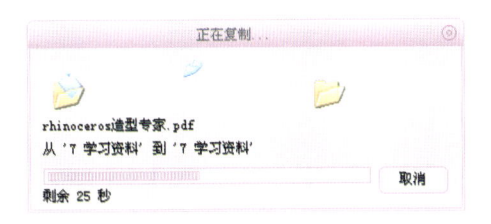

图 3-50 文件的复制状态显示

把 U 盘插入接口后，U 盘的指示灯发出亮光，说明 U 盘在正常使用中，如图 3-51 所示。

图 3-51 U 盘反馈状态

总之，交互性原则要求设计师在用户操作前提供清晰准确的操作引导，在用户操作后给用户及时、有效的反馈。这样可以使用户将注意力集中到操作对象上，从而避免一些错误的发生。

复习思考题

1. 选择一款家电产品，分析用户在使用时都有哪些感觉在起作用。

2. 格式塔的知觉规律有哪些？

3. 怎样理解"人境合一""物我合一""知行合一"？

4. 在产品设计过程中，从哪些方面来考虑满足用户的知觉需要？

5. 人的日常思维有哪些方式？

6. 用户任务模型的含义是什么？

7. 设计中避免出错的原则有哪些？

8. 选择一款家电产品，分析其界面设计。找出设计的合理之处，并分析还有哪些地方需要改进。

第4章 审美心理与设计

本章重点

- 设计的审美及其心理过程
- 产品设计中美的体现
- 中国传统文化与审美心理
- 设计师的审美与设计

学习目的

- 通过本章的学习，了解设计审美及其心理过程；了解产品设计中体现的美；掌握中西方不同文化背景下不同的审美心理，使得设计师明白怎样提高自己的审美能力与审美水平。

4.1 设计的审美心理

审美心理学是研究和阐释人类在审美过程中心理活动规律的心理学分支。所谓审美主要是指美感的产生和体验，而心理活动则指人的知、情、意。因此审美心理学也可以说是一门研究和阐释人们美感的产生和体验的学科。它主要研究人们对美感的知、情、意的心理过程及个性倾向规律。审美心理学是美学与心理学之间的边缘学科。

4.1.1 美的本质和特征

美具有各种各样的形式，通过其不同的形式，我们可以看到在创造美的过程中人的能动力量。美不仅是客观的自然存在，也是客观的社会存在，美不能离开人而独立存在。

1. 美的含义

对于美人人向往之，但是什么是美，并不是每个人都说得清楚。一般来说，美包含五个含义：

一是形境之美，表述为美丽、漂亮、好看，比如人感受到时尚流行的产品的美、美丽的秋天的风景等；二是行动之后的美，美体现在行动的结果上，比如锻炼身体时形体更美，打扫卫生使环境变得更美；三是满意之美，比如购买的产品令人特别满意，心理感受很美；四是实现之美，表现为美梦成为现实；五是憧憬之美，是一种向往的心态，如美好的愿望等。

唯物主义美学家车尔尼雪夫斯基（1828—1889年）认为"美的事物在人心中所唤起的感觉，是类似我们当着亲爱的人面前时洋溢于我们心中的那种愉快，我们无私地爱美，我们欣赏它、喜欢它，如同喜欢我们亲爱的人一样。"

2. 美的本质

马克思认为，美诞生于人类的社会实践活动。人类从古至今一直进行着社会实践活动。最初人类为了生存而进行生产劳动，生产工具是信手拈来的，不会特别注意工具的形态；后来人类对工具进行了改进，工具好用了，也精致了。人类在此过程中也意识到了自己的能力，当感觉到劳动工具引起的情感上的愉悦与满足时，便产生了对美的追求。这也形成了以人类为主体、工具为客体的审美关系，美就诞生了。从中可以看出，审美活动由审美主体的人与审美客体的事物两种因素构成。人与客观世界相互作用产生了美。

"美是人的本质力量的感性显现"，这是马克思对美的本质的论说。人的本质力量是指在认识世界和改造世界的实践活动中，形成并发展的主观能动作用，也就是人的因素第一。表现为人类特有的智慧、情感、能力、意志、理想等。人的本质力量在实践活动中的感性显现，即感觉和知觉的显露与表现，不但成了人类实践中的能动力量，以及推动人类社会发展的推动力量，而且也是产生美、创造美的巨大力量。

人的本质力量不但改造了世界、创造了美，而且还在设计活动中展示出来，设计活动不但拉开了人与动物的距离，而且使人类社会更加美好。

3. 美的特征

（1）美的形象性

美以具体的事物来体现，美是形象的、生动的，并且能被人的感觉器官所感知。在人们的身边，有自然的形象、社会的形象、艺术的形象、设计的形象等，都是感知的审美对象。大自然的美千姿百态，令人震撼。设计活动中吸收大自然的精华，创造具体、生动的形象，设计者面临的思考是怎样与大自然和谐共存。在人类的一切领域中，均以不同的具体形态来展示美。

（2）美的感染性

由于美具有感染性，所以美能够使人感动、愉悦，引起情感的共鸣。美学的先哲柏拉图是第一位提出美具有愉悦与感染性的人，他指出美的事物不但让你愉悦，而且还让你受到感染。人类的愿望、人生的价值，必然能唤起人在心理上的喜悦、精神上的满足。自然界的一切美景感染了艺术家，使他们创造了各种各样的艺术品。这些创作就是美的感染性激发创造灵感后的产物。

（3）美的相对性

美是发展的、变化的，而且也是不断丰富的，美具有相对性。由于人的本质力量不断地提升，每个时代和社会对美的审视也是不同的，美的形式和评判标准也是不断变化的。作为审美主体的人，由于其审美的角度、个人的喜好、品位、素养、身份、地位、人生追求等的不同，审美的感觉和结果也就不尽相同。任何事物都是与其他事物紧密相联的，它们互相作用、发展，其关系的改变也必然会影响审美对象的审美属性。即使审美对象是同一个，"情人眼里出西施"，但随着关系的改变，"西施"也许就变成了"黄脸婆"。

（4）美的绝对性

美有绝对性，是普遍的、永恒的美。美的事物有其自身质的规定性，是有一定的客观标准的。如果事物符合这种美的客观标准，那么它就是永恒的。张衡的地动仪以聪明的构想、巧夺天工的造型成为设计的经典。它以永恒的审美价值，留给后人审美的享受。

（5）美的社会性

人类的实践创造了美，使之成为一种社会的存在物，具有社会的属性。美是人类自由、自觉创造世界的结果，随着人的本质力量对社会发展的不断作用，美在不断地丰富与发展。当黄金散落在河沙中时，虽然也是客观实在的矿藏，但只有经过人们的开采、冶炼、加工制作，才能使它熠熠生辉，展示美的风采。

4.1.2　设计与审美

设计的审美活动不同于一般的活动，它是特有的审美心理活动。我们可以从设计的审美对象、设计的审美关系、设计的审美主体等方面来认识它。

1. 设计的审美活动

审美活动又称为审美，是指人观察、发现、感受、体验及审视等特有的审美的心理活动。在审美活动中，首先由人的审美功能与心理功能相互作用，将看到的、听到的、触摸到的感知形象转化为信息，再经过大脑的加工、转换与组合形成审美感受和理解。这也是人在认识活动中从生动直观到理解性思维的过程。而对具体可感的形象，又会产生形象思维的过程，引起人的联想、想象、抒发情感活动和审美的创造活动。所以，审美活动的高级心理活动在于挖掘客观世界中潜在的内涵与意蕴，淡泊了物质世界的功利性，专注于精神世界的认识与创造。

设计的审美活动不同于一般所指的审美活动。首先，设计审美活动不是被动地去感知，而是一种主动积极的审美感受。其次，设计审美活动既不是对世界的纯科学的理性认识，也不是对世界的功利的需要，而是积淀着理性内容的审美感受。它经过感知、想象主动接受美的感染，领悟情感上的满足与愉悦，在设计审美中展示自身的本质力量。

最初，人类是为了生存而劳动，在此过程中人们注重客观对象的实用价值，而不是审美价值。只有人类的实践活动和生产力发展到了一定水平，生存有了基本的保障，审美才逐渐成为独立的心理活动，并不断发展与完善。设计的审美活动是从精神上认识世界、改造世界的方式之一，认识美、创造美的活动是人的本质力量感性显现的主要渠道。

2. 设计的审美关系

在审美客体与审美主体构成的客观基础上，人在审美活动中与客观世界产生的美与创造美的关系，即人与客观存在的审美关系。最早提出美学关系的是美学家车尔尼雪夫斯基，他主张以和谐的审美关系构建美好生活。审美关系包括人与审美对象的时间关系；人的意识与客观事物的审美关系；人反作用于客观现实、创造美、发展美的关系；人与现实的政治、经济、伦理关系；认识情感与意志的关系等。

设计的审美关系是指设计与自然构成的审美关系。设计活动不但提供了人类索取自然、改造自然的工具与手段，而且还吸收了自然的灵气。比如，人们通过模拟自然界的生物，设计制造了仿生器械。设计与社会构成了审美关系，使人从动物的人、物质的人变成社会的人、审美的人。设计与设计成果构成审美关系，实质是设计者对设计成果的精神把握和对自身力量的肯定。

在设计的审美关系中，客体制约着主体。比如，自然界可以利用、开发的资源越来越少，成为制约设计的瓶颈。人类的活动破坏了生态环境，人自身也受到了威胁，而人们对生存环境与生存质量的审美需求却越来越高。这些客观因素又要求设计者发挥主观能动性，不断发现和改造客体，使审美对象具有人的社会内容。通过设计者与客体之间的联系，锻炼了设计者的审美、创造美的能力，使设计者从审美上认识客体，并改造客体。

3. 设计的审美对象

审美对象即审美客体，是指主体认识、欣赏、体验、评价与改造的具有审美物质的客观事物。审美对象有以下特性。第一，审美对象具有形象性，如客观事物的形状、色彩、质地、光影与音响等；第二，审美对象具有丰富性，如人们对客观事物的"大千世界，无奇不有"的形容，说明审美对象是丰富多彩的；第三，审美对象还具有独特性，每一个审美对象都有各自的实质与特征；第四，审美对象最重要的特征是具有美的感染性。美的事物能吸引人、帮助人、愉悦人，能让人达到荡气回肠的程度。

设计的审美对象主要是设计的成果。设计活动既要按照美的规律，又要根据人的审美需要改造与创新。以自然、社会、艺术为审美对象，使设计的成果能激起人的审美感受和审美评价，使设计成果成为人的审美对象，并推动审美对象的发展。

设计的审美对象范围十分广泛。这是因为设计涉及自然、社会、艺术等人类活动的一切领域。凡是与设计确立了特定的审美关系，能够激起人审美意识活动的事物，都是设计的审美对象。其中包括具体可感的客观自然界，也包括人类社会及艺术领域。

4. 设计的审美主体

人是审美的主体，即认识、欣赏、评价审美对象的主体，包括个人和群体。审美主体与审美客体构成审美关系。人是有实践能力又富于创造性的审美主体，客观实践离开了人也不能成为审美对象，只有人既有生理的、物质的需要，又有精神的、审美的需要，并有创造美的能力和意志。

设计者通过客观世界的审美感受，以审美主体的意志创造了设计的成果，为使用与欣赏提供了审美对象。所以，包括设计者在内的每一个人都是设计成果的审美主体，也是以客观世界为审美对象的审美主体。

无论是设计者还是使用欣赏者，作为审美主体都存在着复杂性、差异性和发展性。

设计的审美主体的复杂性是由于设计者本身也是社会群体中的人，有着生理的、物质的需要，还有审美的、精神的需要，更有改造客观世界、创造美的需要。另外，由于设计的范围广泛，设计是人类生存与发展的起始活动，因此设计者要比普通审美主体更为复杂。

设计的审美主体的差异性表现在每个人的审美意识与观念本身就不同，即使是设计者面对同一设计对象，设计构想方案与审美创造目标也会多种多样。另外，人们使用与欣赏的审美需求的多样性，也要求设计的审美主体具备差异性，以满足不同审美心理、不同层次的需要。

设计的审美主体的发展性是由设计的本质决定的。因为只有不断地创造美、发展美，才能使设计成果不断丰富。审美主体变化与发展的观念是设计的永恒主题，是提高人类生存质量、推动社会进步的重要因素。因此，只有在发展的前提下，设计活动才有存在的意义。

4.1.3 设计审美的心理过程

设计审美的心理过程是在原有心理结构的基础上，人的审美心理活动的发生、发展和发挥能动作用的过程。其中包括第一阶段的审美心理认识过程，即由感受、知觉、表象到记忆分析、综合、联想、想象，再到判断、意念理解的过程；第二阶段进入情感过程，产生审美的心境、热情、抒情和移情共鸣、逆反等情绪活动；第三阶段是审美的意志过程，包括目的、决心、计划、行为、毅力等。

1. 审美的心理内容

审美的心理内容包括以下六个方面。第一，审美的心理基础，人的感觉器官是审美信息的接收系统，如审美的感受力，大脑中枢机能、效应机能等构成审美活动的审美基础；第二，审美的感性形态，审美表象、意象是客观形象的信息，它使审美对象显示出具体可感性，成为审美的感性形态；第三，审美的观念意识，审美观点、审美概念、知识经验的积累与储存构成了审美观念意识的理性内容；第四，审美的情感，在审美活动中产生的情感、情绪、情愫、态度、欲望与趣味等既是审美心理的核心内容，又是审美创造的内在驱动力；第五，审美的意志，如审美的目的、动机、理想、毅力与自制力等是进行审美创造的持续动力；第六，审美的创造力，如审美想象力、联想力等既是审美创造的根本动力，又是审美活动归宿的根本力量。

2. 审美的心理过程

由感觉到认知，由认知到情感，由情感到意志的过程是审美的心理过程。它与人的其他心理活动方式一样，会经历认知、情感与意志三个阶段。

审美心理的认知过程是在一定的生理机制的基础上，特定社会活动、客观事物审美特性和主体审美实践内化的过程。在对象和特定环境的制约下，其中又贯穿着主观能动性。从具体过程来讲，审美心理的认知过程是在感觉与直觉审美表象的基础上，人们经过观察与记忆，对审美对象进行思维与想象，形成审美意象的过程。它是由接受审美形象刺激到能动的创造过程。

经历了认知心理以后，审美的人产生了自我意识，形成具有主观倾向性的审美态度和情绪体验。审美态度是人们在审美活动之初的特定的心理状态，如肯定或否定、旁观或介入、积极或消极、重理智或重感情等态度。情绪体验包含审美情感、审美共鸣和审美感受。

审美情感是人对客体审美特征是否符合自己的需要而产生的主观体验。审美共鸣是指审美主体与审美客体的思想和情感契合相通、和谐一致的心理现象。它是一种鲜明强烈的情感态度。审美感受是审美活动的结果，也是审美创造的开端。审美创造的主体首先应对审美形态有丰富的审美感知与接收，扩大审美的范畴，为审美创造条件。

审美心理的意志过程是审美心理过程的最后阶段。在审美活动中，人的审美认识与审美情感活动需要有一种内在的力量来控制、调节。这种力量便是审美的意志。审美心理的意志过程包括审美的意识、理想、经验、价值与意志等。

3. 审美的心理特征

（1）审美心理的自觉性

每一个人都有审美、求新、求异、求变的心理与欲望。当人处于特定的情景和最佳的审美心理状态进行审美时，就会自觉寻觅、选择适应自己需要的审美对象，自觉地调动信息储存、审美经验来丰富审美心理。

审美心理的自觉性对设计活动有特别的意义。因为只有主动自觉的审美心理，才有设计审美的驱动力，才能达到"尽其心，养其性，反求诸己，万物皆备于我"的创造心理的境界，才能以设计成果为审美对象进行审美活动。

（2）审美心理的独特性

审美创造是一种创造性思维活动，尤其讲究独特性。时代、阶层、民族、地域等因素的不同，生活实践、审美实践、传承的文化不同，审美的途径与方式不同，均造成审美心理的独特性。比如，现代人的审美心理比原始人丰富，文化艺术发达地区的人的审美心理比落后地区的人丰富，文化艺术素养高的人的审美心理比素养低的人丰富。因为人们对同一审美对象表现出不同的审美差异性，所以可以考虑从不同角度满足各种类型的审美心理需求。

（3）审美心理的普遍性

人的审美心理存在差异性、独特性，也存在共同性、普遍性，而且在一定条件下，同与异还可以相互转化。由于人们实践的领域、目的、方式、手段等客观因素存在连续性、继承性，所以审美观念与审美心理也存在共同性、相似性。因而，当人们从这些共同的审美心理出发，面对同一审美对象时，就可能产生共同的美感。不同地域、民族的文化艺术可以相互交流，就反映了审美心理存在共同性。

4.2 产品设计中美的体现

美是抽象的，美又是具体的。对于产品设计来说，通过对产品的造型、材料、颜色的设计，结合先进技术，可以体现不同的形式美。另外，通过人与产品的交互可以使人得到深层次的美的体验，并且满足情感的需要。在产品设计中，美感体现的最高层次是和谐之美，这也是当今时代发展的主旋律。

4.2.1 产品的形式之美

随着社会的不断发展，科学技术日新月异，当技术对产品来说不再成为主要的限制问题时，形式审美就显示出越来越重要的作用。

1. 产品的形式美是内在的功能美与外在形式美的有机结合

美学家克莱夫·贝尔在他的著作《艺术》中指出："一种艺术品的根本性质是有意味的形式。"它包括"意味"和"形式"两个方面："意味"就是审美情感，"形式"就是构成作品的各种因素及其相互之间的一种关系。

一件作品通过点、线、面、色彩、肌理等基本构成元素组合而成的某种形式及形式关系，激起人们的审美情感，这种构成关系、这些具有审美情感的形式就称为有意味的形式。现代产品设计是技术和艺术的有机结合，要解决的本质问题就是将产品与人的关系形式化，这种形式除了要满足消费者的使用需求外，还要满足其审美的需求，产品设计的形式研究不能脱离审美的范畴。

就纯粹的形式美而言，可以不依赖其他内容而存在，它具有独立的意义。在产品形式上它可以表现为秩序、和谐等基本的形式美法则，用以满足消费者的审美趣味。但是对于产品设计来说，形式美不可能具有绝对自由，它要受到材料、结构、工艺等技术的制约。另外，产品设计的形式还必须与使用功能、操作性能紧密地结合在一起，它是功能性与视觉形式的有机结合。产品外在形式是内在功能的承载与表现，体现出产品的高品质性能，表现为功能美。产品设计的形式审美是产品功能的外在表现。现代产品的设计通过采用适当的材料，运用合理的加工手段以恰当的内外结构形式来传达产品的使用功能及审美功能。产品设计是在一定的社会环境下进行的，它以满足社会需求为前提，因此在一定程度上产品设计也是社会文化生活的综合体现。

产品设计的形式美必须与消费者及市场联系起来。设计师通过研究市场和消费者的审美心理，将自身的审美体验与消费者对美的需求结合起来，从而创造出崭新的美的形式。

2. 产品设计中的形式美要符合形式美的基本法则

美必须有所依托，产品的形式美要通过一定的物的形式表达出来。在市场销售中产品首先展现的是形态、色彩、肌理等外观形式，其次才是产品的性能。在满足功能需求的前提下，产品外观形式是否符合消费者的审美观念成为促使消费者购买的关键因素之一。

最初美感主要来源于人们在生活中对美的事物的体验。长期以来人们通过不断的实践体验，对自然中天然存在的一些事物中含有的美的因素进行归纳与概括，形成了具有普遍意义的美学规则。产品设计中对形式审美的把握在很大程度上影响到产品造型的审美价值，产品的形式美在某种意义上成为产品设计的关键。由于美的形式法则是人们在社会实践中总结出的普遍规律，而产品设计的目的是满足人们的消费需求，因而设计中必须遵循这些基本的形式美法则。

形式美的法则主要有以下几方面的内容。首先是统一与变化法则，"统一"使人感觉单纯、整齐、利落，"变化"带来新奇和刺激，打破单调与乏味。其次是对比与调和法则，"对比"强调了变化和个性，"调和"则强调了事物间的共同因素。在设计中要求同存异，没有对比、没有变化的设计会显得呆板、不活跃，但变化太多又会有凌乱之嫌。另外，还有对称与均衡法则、节奏与韵律法则、呼应与重点法则、比例与尺度法则等。产品形式美感的产生直接来源于构成形态的基本要素，即对点、线、面等要素及其所构成的形式关系的理解，并由此而产生的生理与心理反应。当色彩、形态、材质、肌理等形式要素遵循形式美的法则通过不同的点、线、面的组合形成具体形态的产品时，人们的美感便由此而生。

产品设计是现代文明的标志，与人们日常生活息息相关，因此在运用形式美法则时，应该以充分发挥产品使用功能为前提，以创造功能与审美相统一的形式为原则。设计者还必须认识到，在产品设计中谈论纯粹的形式美是没有意义的。随着时代的进步，产品的形式美在"以人为本"的核心下将功能与审美有机地结合，注重人的心理感受和生理舒适性。产品设计的原则是设计与实用、设计与情感、设计与舒适等多方面的统一。

3. 形式美的外在体现

在产品设计过程中,设计师的灵感来源不同,就会有不同的审美表现。如果灵感来源于自然,就会体现出一种自然之美;如果灵感来源于科技,就会体现出一种技术之美;如果灵感来源于社会时尚,就会体现出一种时尚之美;如果灵感来源于想象,则会体现出一种未来之美。

（1）自然之美

大自然的万物自在、万象更新的天然姿势中,隐含着潜在的美之底蕴与审美的价值。设计师通过对大自然中天然存在的美的因素进行提取,对自然界美的行为进行研究并使之与科技结合起来,形成产品的自然之美。如图 4-1 和图 4-2 所示,这款创新的概念街灯是飞利浦公司发布的,名字叫"绽放之光"（Light Blossom）。它在技术上运用了一个生态学的街灯柱。这项技术使这款街灯在白天能够接收来自太阳和风的能量,在夜间可以利用白天储存的太阳能和风能为路人照明。它不仅在造型上与自然的花朵相似,而且其在工作中的动作也与自然的花朵表现一致,白天绽放吸取能量,晚上聚拢散发能量。形态与功能的完美结合使得这款产品处处体现出一种自然之美。

图 4-1　白天的概念街灯　　　　图 4-2　夜晚的概念街灯

（2）技术之美

技术美是技术活动和产品结合所表现的审美价值,是一种综合性的美。从构成上看,技术美的主要内容是功能美,也包括形式美和艺术美的因素。设计中的技术美与手工业生产所创造的工艺美不同,它有着自己的审美特性和感知方式。技术美的特性及表现方式是由机械化生产方式和工业产品的性质决定的,反映的是大批量、标准化、统一和理性的特征,以实用功能为最终目的的"美"。技术之美的审美形态往往是由材料本身的质感与结构本身的构造结合形式美的法则体现出来的。如图 4-3 所示的钟表就是由其金属材料的质感结合内部结构的展现来体现一种技术之美。

（3）时尚之美

时尚是设计师创造的源泉，时尚之美更多地是带有社会的属性，它与时代潮流密不可分。图 4-4 所示为来自罗技科技的商务手持产品。它拥有流畅的外观和先进的技术，无线操控和快捷键的搭配让人可以感受到时尚之美。

图 4-3　钟表　　　　　　　　　　图 4-4　商务手持产品

（4）未来之美

对于未来人们充满了想象，在想象中，产品的审美价值也在先进技术的支撑下插上了飞翔的翅膀。在设计中想象未来，使人们对产品的发展方向有了明确的认识。产品所表现的未来之美往往给人以遐想和启发。图 4-5 所示为一种个人交通工具的概念设计。它形态可爱，可实现不同的行走方式。也许不久的将来，街上就会出现这款可爱的小车。

图 4-5　个人交通工具的概念设计

4.2.2 产品的体验之美

如果说形式之美给我们带来的是视觉感官的愉悦之美，那么通过五种感官的体验给人们所带来的愉悦之美，乃至精神上的满足则是更加强烈的美感。也就是说通过人与产品的交互，可以使人得到更深层次的美的体验，满足情感的需要。

当今的产品设计已不再是"形式追随功能"的功能主义。随着社会的进步，物质财富和精神财富日趋丰富，产品设计已演变为对生活方式的设计，在某种意义上讲设计已成为提高生活质量及生活品位的一门艺术。产品设计虽然以物质功能为前提，却也越来越关注人类精神的需求。这种对人类精神需求关注的深化，在产品设计上表现为一种人性化的关怀。另外，由于日常产品技术日趋同质化，这也使得生产者寻找开发产品的新方向。随着消费者在精神方面的需求越来越高，生产者则可以从体验的角度来开发新产品，以获得更广阔的市场空间。

在具体的产品设计中，设计师往往运用以人为本的理念和技术来使产品满足人们不断发展的精神需求。比如，运用人机工程学使产品更适于人的操作；追求产品的趣味性和娱乐性；满足现代人追求轻松、幽默、愉悦的心理需求；增强人与产品的交互等。特别是在人与产品之间的交互方面，由于交互可以增强产品与人之间的交流沟通，所以注重交互的产品更加人性化。设计师通过研究人本身的心理和行为特点，设计出与之相适应的产品。这样的产品在使用过程中会给人们带来崭新的体验。如图4-6所示为一款简单易用的老人电脑，这款产品将电脑的几个主要功能分类储存在几个"模块"里面，每个模块都对应着电脑上面的插槽。用户可以通过模块来启动特定的功能，并利用触摸屏直接对数据进行拖曳。这款面向老人的电脑产品，考虑到了老人的心理和行为特点，给老人以全新的体验，从而也为他们带来了美的享受。

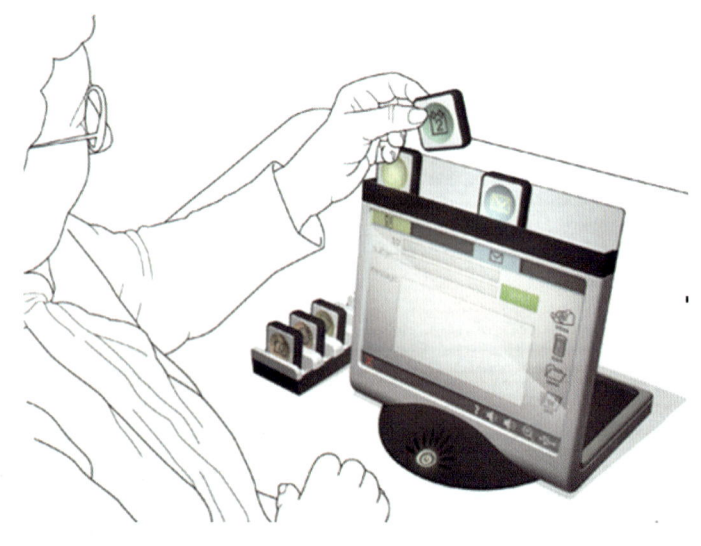

图 4-6 简单易用的老人电脑

体验之美通过人们对产品的操作，产生令人满意的、愉悦的、有趣的心理体验，从而满足人的情感、精神需求。

4.2.3 产品的和谐之美

和谐，作为一个重要的哲学范畴，反映的是事物在其发展过程中所表现出来的协调、完整和合乎规律的存在状态。和谐的状态是时代进步和社会发展的重要标志。如今，和谐已经成为我们这个时代的主旋律。它体现于人类社会的各个层面，也体现在产品设计之中。产品设计追求的和谐之美是一种平衡之美，也是一种状态之美，更是一种标准和原则。这个原则不但是人类进行造物活动的原则，也是构建和谐社会形态的原则。

设计的和谐包括设计与人之间的和谐、设计自身的和谐、设计与环境的和谐。设计自身的和谐、设计与环境的和谐是构成"设计与人"这一和谐关系的基础和前提。设计与人的和谐从协调人、行为、场景和产品等要素相互关系的角度出发，构建和谐的产品交互系统。它在物质、行为和精神三个维度上实现相互协调，构建和谐之美。设计与环境的和谐是指设计与环境之间的和谐发展。为此，低碳生活、环保设计、绿色设计的理念也逐步被人们所重视。真正好的产品是在产品与人和谐的基础上，真正做到产品与自然的和谐。如图4-7所示，这是上汽集团研制的一款概念车"叶子"。它集二氧化碳吸附转换、光电转换和风电转换等新能源转换技术于一体，其外观设计清新自然，使人感受到"绿叶"的勃勃生机。这样的创意设计重新定义了汽车与自然环境的关系，汽车成了自然循环中的一个环节，体现了人与自然的和谐之美。

图 4-7 概念车"叶子"

如果设计自身的和谐秩序被扰乱，设计与环境之间的和谐关系被打破，那么设计就无法实现为人类服务的目的，设计与人的和谐关系也将不复存在。因此，只有实现了设计自身的和谐，实现了设计与环境之间的和谐，才能真正实现设计与人的和谐。

4.3 中国传统文化与审美心理

近年来的考古材料已经表明，中国文明是在一个与外界相对隔离或半隔离状态的巨大地理单元中独立起源并获得发展的。中国人审美心理的发生与中国文明的起源一样，是自然而然产生的结果。中国人的审美感知能力在旧石器时代已经表现出多样化与精细化的特点。中国的特殊地理位置和优越的生态环境为史前先民提供了异常丰富的生物与动物资源，他们在形成文化的漫长实践过程中不断对周围的事物进行观察、实验、分类和思索，培养出对事物进行仔细观察的习惯和能力。中国文化所独具的"天人合一"的思想就是在新石器时代这一时期形成的。与此同时，中国人审美心理所具有的整体性、意会性、模糊性和长于直觉判断等特点也在这个时期得以孕育成型。

4.3.1 中国传统文化背景下的美

中国灿烂的传统文化使得中国传统审美观念有以下表现。

1. 以和为美

著名美学家周来祥认为"中和"是中国传统文化思想的根本精神。从道德观念看，和是善，中和、中庸在精神实质上是相通的。从哲学认识论来看，和是真。从社会学来看，和是君子，是完美人格。从生物学来看，和是生命。中国传统审美思想不可避免地受其影响，崇尚"以和为美"。首先，中国传统审美思想十分重视审美客体是否为"和"。也就是说，要获得真正的美感，首先要求审美对象本身符合一定的标准，要求客体"大不出钧，重不过石，小大轻重之衷也"。其次，中国传统审美思想要求审美主体应具备"和"的审美心态。儒家强调修身，且以"和"作为人格修养的至高境界。

2. 以心为本

中国传统审美思想十分重视审美主体与审美客体相互协作的关系，对审美中的心物关系持一种辨证的观点。但这并不意味着中庸，中国传统审美思想在肯定审美客体是不可缺少的前提下，始终强调审美主体的主观能动性的发挥，始终将"心"置于主导位置。中国哲学是一种内求的哲学，它不将视角投入外部世界，而是回归内部心灵，故被称为"心灵的哲学"。一些古人的名句也体现了这种哲学思想，比如，"万物皆备于我"（孟子），"心即天"，"心即宇宙"（陆象山），"心外无物，心外无理"（王阳明）。这说明"心"对宇宙、社会、个体的重要性。因此，在中国古代艺术家看来，并不存在一种实体化的、外在于人的美，美离不开人的审美活动。

3. 以形媚道

宗炳有"山水以形媚道"一语，即是说自然山水可以其妩媚形态显现宇宙之道。自魏晋时代起，自然美作为一个美学范畴正式确立以后，就不断影响着中国传统审美思想的发展，以至于"以形媚道"的自然美成了中国传统审美思想史卷上的传神之笔。

中国人很早就与大自然建立了广泛、深刻的精神联系。作为早期中国文化的典范，《易经》讲述了人与自然的命运联系，《诗经》抒发了人与自然的情感联系，《老子》则阐述了人与自然的认知联系。正是在这一背景下，崇尚自然成为中国传统审美心理思想最为显著的特征。

庄子是崇尚自然观最具代表性的人物。他的《逍遥游》就是把大自然的山川江海，甚至整个天地作为自己的欣赏对象。自然之物更为直接、更宽广地进入了中国人的精神生活。这表明中国人对自然的欣赏已从自然中的一草一木上升到了整个宇宙天地的宏大境界，突破了有限的感官审美而上升到了无限的精神邀游。这是中国自然审美观念的一大飞跃。

4. 以境为高

境是中国传统审美思想中出现频率极高的一个审美范畴，诸如"情境""物境""境界""意境"等。不管是情境、物境、意境、境界中的哪一种，其名虽然有不同，但是本质上是统一的。如图4-8所示的画面体现了中国传统文化中的意境。通过对古代最具特色的材料瓦、竹的构建，呈现出绵绵细雨、啁啾鸟声、建筑与环境完美融合的境界。

图 4-8 传统的审美意境

意境使审美主体从感性的日常生活和生命现象中，获得对人生、历史、宇宙哲理性的感受和领悟。究其原因主要是意境审美结构的复杂性。具体来讲，这种结构分为以下三个层次。

第一，意境的表层结构为"情景交融"。它主要表现为审美活动必以一定的感性形式而存在，它是以蕴含深远意蕴的审美意象为表现形态的。因此，"情"和"景"是意境构成的基本元素，它们是有机统一、相互交融、不可分割的。

第二，意境的中层结构为"以形写神"。它主要表现在审美活动对精神和生命的追求。也就是超脱具体的有形的物体，更加自由地去表现无限广阔的人生、情感、理想和哲学。

第三，意境的深层结构为"韵外之致"。它主要表现为审美活动中追求韵味无穷，崇尚"无言之美",如王维的"雨中山果落,灯下草虫鸣"两句诗中体现的意境。

总之,作为意境应该具备以下特点:一是有景致,它必须是感性的人、事、景、物;二是有情思,它必须是超越有形之物的情感体验和哲理感悟。

4.3.2 中国文化与产品设计

中国传统文化是中华民族基于中华大地,长期递进相传所积淀下来的民族精神、价值观念。具体表现为由此而生成的政治体制、经济模式、善之道德、美之艺术、真之科学。中国传统文化不仅强调时空统一、天人合一、知行合一、情景合一,也强调整体至上、人伦道德、中庸和谐。中国传统文化中的审美思想讲究均衡和内在的节律,强调变化中的均衡,崇尚统一的、生动的、有韵律和节奏的审美观念。

中国美学的起点源于老子美学,中国传统美学强调的是统一的美——"整体意识",认为万事万物都是一个和谐统一的整体,都遵循同一个本质规律,因而中国古代的创作常常寄情于物,把人的情感赋予物,其表现形式为借物抒情、以形写意、形神兼备。依据古人"天人合一"和"物我统一"的审美思想,如果将中国传统审美心理学视为一个有生命的个性,那么它的人格恰好是由社会化与个性化相互依存的两方面组成。一个来源于儒家,是强调个体与社会相统一、相和谐,以社会关怀为心理取向的伦理人格;另一个则是强调个体自身的生存需求,关注主体自身价值与天性自由,以自我终极关怀为心理取向的个性人格。中国的传统审美心理学对于审美人格的设计是儒道互补的结合体。中国古代审美要求"内敛",即所谓含蓄的美。在具体形态的表现上以精致、柔和为美。

中国元素是中国文化的精髓。它是中华民族独有的内在和外在的特质所在,起到传承民族文化的作用。在具体表现上,它既有形而下的具体物质,又有形而上的意识形态。这些丰富多彩的元素是中国文化在外国人心中的标志。比如,古代建筑风格元素有紫禁城、长城、敦煌、布达拉宫、苏州园林等;服饰风格元素有丝绸面料、唐装、旗袍、中山装等;文化风格元素有国画、脸谱、京剧、印章等;自然风格元素有长江、黄河、黄山、珠穆朗玛峰等;动物风格元素有熊猫、白鳍豚等;宗教神话风格元素有观音、如来佛、龙、麒麟等。另外,讲究中庸和谐的儒家思想和讲究无为而治的道家思想都是中国文化所特有的思想,也属于中国元素范畴。

《易经》有云:"易有太极,始生两仪,两仪生四象,四象生八卦。"以下两款产品是借助"太极"这个中国元素设计的MP3(见图4-9)和音箱(见图4-10)。在这两款产品中,中国传统文化的元素体现在形态和装饰纹路的设计上,并强调了神似而非形似。在中国传统文化的大背景下,简洁、有秩序的美感,给人以愉悦的情感体验。

在产品设计中需要考虑的要素有很多,其中最重要的就是文化要素。在产品中加入中国传统文化的元素,不仅能充分表达出传统的东方美感,而且能更好地起到国际传播及交流的作用。

图 4-9　MP3 设计　　　　　　　　图 4-10　太极音箱

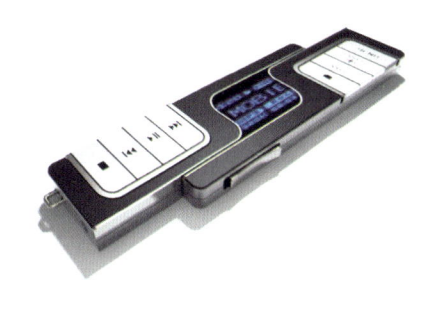

受现代艺术与现代科技双重制约的现代设计，无论怎样发展，都无法脱离传统文化对它的深刻影响。具有民族性、地域性、社会性和历史性的传统文化不但时刻影响着现代设计思想，而且也直接影响着现代设计运动。

4.3.3　中西方审美差异

中国审美受到儒家和道家的影响，而西方审美则受到希腊文明及基督教文明的影响。这使得中西方审美存在着很大的差异。

1. 中西方审美差异产生的原因

中西方审美差异的原因要从中西方不同民族的传统文化及审美理想的发展演变来分析。儒、道思想集中代表了汉文化不同于世界其他民族文化的基本特质。儒家美学的核心概念是"中和之美"，它强调以文权体制为中心的宇宙间一切的普遍和谐。"中和"的宇宙是一个以现实政治和人伦社会为中心的整体和谐的宇宙，它作为儒家文化的理想是美的极致。儒家美学的最大贡献是为中国文人提供了一种普遍关怀一切存在的心灵，正是这种心灵决定了中国诗画中的那种"提神太虚""散点透视"的空间构造和它的宇宙感、人生感。道家所尊崇的是天地万物的自然而然的生成之道。道家美学的贡献是为中国艺术提供了一种审美的境界，它的基本特征是"虚静"和"空灵"。庄子主张把自我同化于自然整体，最高的艺术境界是同于自然的一片无我而又充实的虚灵，一种"淡然无极而众美从之"的境界。

在西方美学中，希腊文明向西方艺术提供了一种以神圣的形式为核心概念的美学价值，基督教文明则向西方艺术提供了一种以光和色彩为特征的美学价值，两者相互渗透共同构成西方美学在风格上的总体面貌。

2. 中西方审美差异的具体表现

（1）审美思维

中国古代在审美思维方式上是实用理性，主张审美主体要进入"悟"的心理状态去体验美和创造美，要求审美主体在"心与物会""神与象交""情与景合"的浑然统一中去体悟宇宙万物的生命意蕴和美的性质。因此，主体在审美过程中，只注重事物内在的规律性和一致性，对阴晴晦明、风霜雨雪、月落乌啼、水流花谢等种种自然现象都不采取细致分析的态度，而是以心灵去冥和自然、畅我神思。西方古代在审美方式上是思辨理性，主张审美主体要注重自身的逻辑性、严密性和完整性。

（2）审美心理

中国审美心理偏重于情感和理智的统一，以及内容的和谐。中国儒家美学将美看作美和善的和谐结合，将审美情感纳入特定的伦理轨道，让情在理智的约束下有限地活动，从而使先天的情感欲求符合后天的伦理规范。西方审美心理偏重于心灵与理智的统一，以及形式的和谐。西方传统美学将美看作真与善的和谐统一，强调在审美活动中，要用灵魂束缚肉体，用理性压抑感情，认为"最高的美不是感官所感觉到的，而是要靠心灵才能领悟的"。中国在审美体验中注重向内心和向无限的超越，渴望从有限中发现无限，所以中国人喜欢登高远眺，喜欢极目抒怀，强调澄怀观道，带有很强的主观色彩。西方更强调人的天才禀赋，而中国更重视积学修身。中国讲"养气"，重"虚静"，协调内心不致过度激烈。中国审美体验的最高范畴是"畅神""悦志悦神"，更重视内在美的人格修养。西方最高的美是上帝、是神，更重视非理性的外在美。

（3）审美理想

中西方在审美理想上都以"和谐"为美的最高理想，然而不同的是：中国人对儒家的"中和之美"表示认同，从而侧重审美主体的心理属性；西方人对柏拉图的超验的和谐理想表示认同，从而侧重审美对象的物理属性。

无论在中国的心理结构还是在西方的物理结构的背后，都隐藏着深刻的思想内容，这就是中国的"人人之和"和西方的"人神之和"。中国受孔孟儒家思想的影响，历来把协调人心、稳定社会看作审美活动的最高理想。西方受柏拉图和亚里士多德美学思想的影响，强调只有当灵魂受到宗教的洗涤与净化之后，才可能透过物体的和谐直观上帝的和谐，从而在精神上与上帝融为一体。西方最高的审美理想就是人与神的和谐统一。在中国与西方审美文化剧烈碰撞之际、审美意识彼此相互融通之时，进行中西方审美差异的比较，进而探索中西方人格的差异，不仅有助于我们了解西方的美学思想体系，而且也有助于我们反思自我，从而建立起既符合经验传统又具有现代水平的美学体系。

4.4 设计师的审美与设计

设计师是美的创造者，其审美水平的高低直接影响产品的整体设计水平。提高设计师的审美能力及设计理念是保证产品满足用户需求的根本所在。

4.4.1　设计师的个性与天赋

每个从事设计职业的人都梦想成为设计大师。而造就最富有创造力的设计大师的决定因素之一就是其本人的人格因素。人格就是比较稳定的个性行为模式，而个性会影响一个人的心理品质。

研究表明，非凡的创造者通常都具有独特的个性特征。美国学者罗斯曼通过 1946 年、1953 年所做的对几个领域的艺术家和科学家的研究，发现他们只有一个共同的特质，那就是努力工作及长期工作的意愿。同样，罗斯曼通过对发明家人格的研究，也发现他们具有"毅力"这一个性特征。

当设计师从更高层次来要求自己的创作时，他们的人格特征往往更接近艺术家，他们表现出艺术家的典型创造性人格，我们可以将其称为"艺术的设计师"。在他们看来艺术设计是一门艺术，与其他纯艺术的创造没有根本的差别，因此他们受到某种内在的艺术标准的驱使，设计作品较为个性化，显得卓尔不凡。还有一些职业的设计师，他们比较注重实际条件和工作效率，但并不期望个性的表达或者做出经典之作，设计对他们而言更多是一种技能，但这类设计师明显创造力不足，可以称其为工匠。

此外，设计师还需要具有一定发明家的创作性人格特征，如沟通和交流能力、经营能力等，这些虽然对于设计创意能力并没有直接影响，但是却能帮助设计师弄清目标人群的需求、市场需要及营销策略等，从而间接帮助设计师做出既具有较高审美品质，又能满足消费者、大众多层次需要的设计。

通常认为天赋在人的创造力发展中起着决定性的作用。虽然人的天赋条件是很重要的，但不应过分夸大它的作用。美国学者推孟等人从 20 世纪 30 年代起经过长达半个世纪的追踪观察，发现良好的天赋条件并不能确保人们在成年后也能具有高度的创造力，而最终表现出较高创造力的人往往是那些有毅力、有恒心的人。

从事设计的人其能力分为三种：第一种是与艺术才能相关的感知能力，它表现为精细的观察力，对色彩、亮度、线条、形体的敏感度，高效的形象记忆能力，对复杂事物和不对称意象的偏爱，对于形象的联想和想象力等，这些能力通常是天赋的能力；第二种主要是以创造性思维为核心的设计思维能力，它与先天的形象思维和记忆的能力相关，但是需要通过系统的设计思维方法训练累积获得的设计经验以及适当概念激发的组织方法来提高这方面的能力；第三种就是设计师的工作动机，更多地是一种发自内心的通过设计活动获得满足的愿望。

艺术设计大师对于个体的天赋要求较高，需要相当的艺术感知能力，以及形象思维与逻辑思维得到完美配合的艺术设计思维能力，并且具有某些创造性人格特征。天赋固然是一个优秀设计师成长的必要基础，但是后天形成的性格特质和工作动机却是天赋真正得以发挥和转化为现实创造的决定因素。因此，设计师只有通过不断学习和训练来培养设计思维能力，提高创意能力，同时注重个人性格的培养和塑造，以提高动机方面因素，才能提高自己的设计活动的能力。

4.4.2 设计师的审美心理

人的审美意识起源于人与自然相互作用的过程中，自然物的色彩和形象特征使人得到美的感受，人则按照加强这种感受的方向来改造和保护环境，由此形成和发展了人的审美能力。审美能力是主体对客观感性形象的美学属性的能动反映，是指人们认识与评价美、美的事物及各种审美特征的能力，是人们在对自然界和社会生活的各种事物和现象做出审美分析和评价时所必须具备的感受力、判断力、想象力和创造力。

作为设计师，培养和提高审美能力是非常重要的，审美能力强的人，能迅速地发现美、捕捉住蕴藏在审美对象深处的本质性东西，并从感性认识上升为理性认识，只有这样才能去创造美和设计美。设计师的审美欣赏能力的提高要依靠平时多方面的艺术修养和设计专业知识的积累，要经常有意识地留心观察身边各种成功或失败的设计，更重要的是需要提高自己的审美能力，只有这样才能使自己在设计上具备创造的潜力。

英国哲学家赫伯特·里德曾说："感觉是一种肉体的天赋，是与生俱来的，不是后天习得的。"他又说："美的起点是智慧，美是人对神圣事物的感觉上的理解。"可见，感觉是人人都具备的，但在美的事物面前，人们所获得的审美享受是有深有浅、有全有缺、有正确有谬误、有健康有庸俗的。出现这种现象与他们的审美能力和鉴赏能力的高低有很大关系。审美能力的形成和提高源于文化艺术知识的获取和美感熏陶，来自不断的学习和实践。在设计领域取得伟大成就的设计大师们，都是依靠深厚的文化艺术功底和素养，来施展他们出色的设计才华的。

作为设计师要多接触相关的艺术门类，去接受各种艺术的美的感染和熏陶，不断加深对美的理解和认识，从而才能具有非同一般的艺术品位。"眼高"才能促使"手高"，设计师只有具备良好的审美能力才能使设计永远焕发魅力。

4.4.3 设计师的认知与设计审美

首先，现代社会环境的变迁在日益加速，具有敏锐的感受能力的设计师对周围的环境有着自己的认知与思考，他们会从设计的角度来发现周围还有哪些方面尚未达到人们所期望的那种改善，这就是设计师对社会的独特认知和感受能力。这种能力的形成虽有先天的因素，但主要还是靠后天的培养而来。另外，周围的一切都能引发设计师的注意力和好奇心，他们喜欢追根究底、探求事物的内在奥秘，往往能通过一件不受关注的小事，溯本求源，运用某一事物的基本原理而演绎成为意义深远、具有创造性的概念或定理，并能在实践中应用。

其次，我们每一个人都有自己的智慧，但由于先天所具有的素质和后天环境教育的差异，人与人的智能是不同的。有很多设计师从小就具有良好的教育环境，在不断的学习积累中，具有独特的素质和高超的设计智能，慢慢形成构想的灵感和发明创造的能力，积极探索并追新逐奇，经过不断的实践锻炼和经验积累，凭借扎实丰厚的知识和技术，真正成为具备各种设计创新能力的设计师。

再次，设计产品是否受到市场的欢迎，很大因素取决于是否有时尚性和流行性。因此一个观念陈旧、衣着落伍的设计师不可能做出非常时髦、时尚的作品。而要使自己变得时尚，必须先让自己的思想变得更具现代意识。作为设计师，必须要有接纳的胸怀，对待新观念、新现象不能带有先入为主的惯性思维，要学会把自己放进去，去接受、去思考，只有这样才可能使自己设计的作品与时代同步，甚至引领时尚。

最后，一个良好的沟通、交流和合作平台是促进设计的关键因素。作为一个设计师，要想顺利地、出色地完成设计开发任务，使自己设计的产品产生良好的社会效益和经济效益，离不开方方面面相关人员的紧密配合和合作。设计方案的制定和完善需要与公司决策者进行商讨；市场需求信息的获得需要与消费者及客户进行交流；销售信息的及时获得离不开营销人员的帮助；各种材料的提供离不开采购部门的合作；工艺的改良离不开技术人员的配合；产品的制造离不开工人的辛勤劳动；产品的质量离不开质检部门的把关；产品的包装和宣传离不开策划人员的努力；市场的促销离不开公关人员的付出等。

4.4.4 个性满足设计审美

个性是一个人对现实的稳定态度及与之相适应的习惯化了的行为方式，人们的主导个性表现了对于现实世界的基本态度，在很大程度上也决定了人们的审美和行为。

设计活动本身就是一项非常艰苦的探索性、长期性的工作，与纯艺术重自我表现的特质相比，设计师需要不断探索、检验、修正、完善设计创意，一个新奇的设计创意是否能最终成为一项适宜的设计成品，需要长时间的辛勤工作。此外，勤奋使设计师的观察范围、经验累积、思维能力、想象能力、实现能力都能得到极大提高。

客观的性格特征也是设计师区别于纯艺术创作者的重要方面，设计师既不能像艺术家那样随意宣泄个人情感，表达主观感受；也不能像工程师那样一丝不苟，在相对狭窄专一的领域中不断探索下去。也许只有创造才是艺术设计的唯一标准，设计师比大多数人更能轻而易举地辨别新颖的、具体的、独特的东西。客观性是设计师理性思维的集中显现。它使设计师能够对自身及自己的设计进行客观评价，使设计与实际需求和审美取向等要素结合起来。同时，客观的个性也能使设计师跳出一般思维、习惯的束缚，为创造出更好的设计奠定基础。

另外，有意志力的设计师表现出自觉性、果断性、坚持性和自制力等性格特征。意志力能帮助他们自觉地支配行为，在适当的时机当机立断，采取行动，并顽强不懈地克服困难完成预定目标。

兴趣是影响设计师发挥的重要因素，它是人对事物的特殊认识倾向，能促使人们关注与目标相关的信息知识，积极认识事物，执行某些行为。设计师往往对于创造、艺术、问题求解等方面具有浓厚的兴趣，而受到强烈而持久的兴趣的驱使，较为容易做出更好的设计。

复习思考题

1. 美的特征有哪些?
2. 在产品形式美的创造中功能美和形式美是怎样的一种关系?
3. 中国传统文化中美的含义是什么?
4. 列举一个具体的现象,说明中西方审美的差异。
5. 设计师怎样提高自己的审美素养?

第5章
创造性思维与设计

本章重点

- 创造力和创造性思维的概念及分类
- 创造性思维的四个心理模型
- 激发创意的方法

学习目的

- 通过本章的学习,掌握创造力及创造性思维的内容及特点;了解创造性思维的心理过程及激发创意的方法,从而有利于创新设计的进行。

  思维是人类在与大自然斗争的过程中,为了求得自身的生存与发展,经历几百万年进化而获得的一种特殊机能。思维的根本目的,就是解决人类面临的各种问题。而解决问题的前提是要能够做出正确的判断,其表现形式为对各种不同事物进行辨别,对事物的某种性质进行判定,对所处境遇做出决策,对面临的问题确定处理或解决的方案等。因此,能否做出正确的判断,也就成为是否具有解决问题的能力即思维能力的主要标志。

  从哲学的角度,思维可定义为"人脑对客观事物的本质和事物之间内在联系的规律性做出概括与间接的反应"。设计活动是一个创造性设计思维的过程,在工业设计过程中,设计师将其构想快速转化为草图的过程是一种相当复杂的行为。这一过程被称为观念作用阶段。在设计师的构想阶段,思维起着重要的作用,思维的方法、知识的运用及灵感的出现都直接对设计产品的主题、构想、设计起着决定性的作用。

5.1 创造力和创造性思维

设计师所具备的能力中，最重要的一项就是创新能力。也就是说，设计师是否具有创新能力直接影响其设计的产品是否是创新性设计。具有创新能力的人才应该是指具有创造意识、创造性思维和创造能力的人才，其核心是创造性思维。

为了能使设计师具有较高的创新能力，必须深入研究创造性思维，深入分析创造性思维的过程、特征，创造性思维产生的生理机制，从中找出影响创造性思维形成与发展的主要因素，并运用适当的方式、方法进行训练，培养具有创新能力，能够进行创新性设计的设计人员。创造力的培养是基础教育根本的出发点。如何挖掘人们潜在的创造力，运用怎样的开启模式和方法能够将这种能力发挥出来，不仅是基础教育长期以来不断研究的重要课题，也是人类完善自身、体现价值的重要方面。同时，对设计本质而言，它更是设计活动的意义所在。

5.1.1 创造力和创造性思维的概念

所谓创造性思维，是指人们为解决某个问题，自觉地、能动地综合运用各种思维形式和方法，提出新颖而有效的方案的思维过程。评价创造性思维有四个标准，即新颖性、先进性、价值性和时间性。也就是说，通过创造性思维所得到的设计方案越新颖，科技含量越高，价值越高，时间越长久，就说明这个创造性思维的创新性越高。

创造性思维是具有新特质的思维方式，它具有与传统思维不同的特征，主要表现在以下五个方面。第一是思维的敏锐性。这主要体现在发现意识上。一个良好的设计人员必须善于发现，有所发明，这是创造性思维的源泉。第二是思维的独创性。创新不是重复，它必须与众人、与前人有所不同，有独具远见卓识的观点与看法。它不仅达到了前人所没有达到的境地，而且也具有实事求是的精神和在不同情况下可以变通的特点。第三是思维的多向性，要着重从几个不同的角度想问题。它包括发散性思维、换元思维、转向思维、创优思维等。第四是思维的跨越性。思维具有跨越性，往往是创造性思维不同凡响的关键。它包括跨越次要矛盾、跨越相关度的差距和跨越事物可观度。第五是思维的综合性，即思维的整体综合品质。它既是求同思维和求异思维的辩证统一，又是纵向思维与横向思维的网络式构建。它包括智慧杂交能力和思维统摄能力。

而创造力是指具有把一定的思想、愿望变成可操作的步骤并使之转化为有价值的、前所未有的产品的能力。创造力必须以很强的创造性思维作为基础，离开创造性思维创造意识将成为不切实际的空谈；离开创造性思维，创造力的发挥将成为徒劳无功的蛮干。

5.1.2 创造性思维的分类

按照创造性思维目标的明确与否，可以将创造性思维划分为"随意创造思维"与"非随意创造思维"两大类。

1. 随意创造思维

事先没有很明确的创造目标，也没有拟订关于创造过程的详细计划、步骤，思维过程比较随意的思维方式称为随意创造思维。它所产生的思维成果是与众不同的具有新颖性的思维。这种思维成果与人类的文明和进步不一定有直接的关系，也不一定能转化为有价值的精神产品或物质产品，但是对思维主体自身可能具有一定的积极意义与价值，如在绘画练习过程中有时做出的颇有创意的素描，在科学实验过程中临时萌发的有某种创新意义的实验设计思想等。

随意创造思维的特点是"随意性"，其思维成果的创造性不高，实际意义与价值也比较小，思维加工过程通常是在发散思维和联想思维的基础上通过大胆的想象来实现的。

2. 非随意创造思维

非随意创造思维是指具有明确创造目标的思维，根据思维成果的创造性大小又可以分为一般创造思维和高级创造思维两种。

一般创造思维——这种创造性思维的特点是，事先有明确的创造目标，为实现此目标事先有比较周密的计划和准备；所产生的思维成果是与众不同和前所未有的，因而具有创新性。这种思维成果对于人类的文明与进步具有一定的积极意义，并可转化为具有一定价值的精神产品或物质产品。一般的艺术创作和新产品设计，普通的技术革新和小创造、小发明，对某种理论、方法做出的改进等，只要这些思维成果的确是与众不同和前所未有的，都可归入一般创造思维范畴。

高级创造思维——这种创造性思维的特点和"一般创造思维"基本相同，只是加工机制更复杂些。在高级创造思维中，有一些思维成果是前所未有的新事物，有一些则是一种新发现。它是对前人未曾揭示过的事物之间内在联系规律的发现。这一类创造性的思维成果对于人类的文明与进步均有重大意义，都可以转化为具有重大价值的精神产品或物质产品。音乐、绘画、雕塑、文学等领域的著名艺术家创作出不朽的传世之作，或者科学家探索事物的本质和发现各种原理、定律的过程，皆可归入高级创造思维范畴。

高级创造思维是最有价值也是最为重要的创造性思维，但是这种创造性思维往往是在随意创造思维的基础上发展起来的。深入分析不同创造性思维的实现过程及它们之间的联系，对于培养大批具有高级创造思维能力的创新人才有着至关重要的指导意义。

5.1.3 思维的基本形式

根据当前心理学界和哲学界关于思维的定义，以及物质运动与时间、空间的不可分离性提出：人类思维有两种基本形式，即时间逻辑思维与空间结构思维。空间结构思维的材料主要是"表象"。所谓"表象"是对以前感知过，但当前并未作用于感觉器官的事物的反应，是过去感知所留下痕迹的再现。根据思维材料（即思维加工对象）的不同，空间结构思维可进一步划分为两类：一类以表征事物基本属性的"属性表象"作为思维材料，称为形象思维；另一类以表征客体位置关系或结构关系的"空间关系表象"作为思维材料，称为直觉思维。在这样的细分下，人类思维的基本形式通常就有逻辑思维、形象思维、直觉思维三种。一般来讲，逻辑思维属于理性思维，形象思维和直觉思维属于感性思维。

我国著名科学家钱学森教授认为，人类思维的基本形式除了形象思维、逻辑思维外，还应包括创造性思维。后续研究人员认为，创造性思维从其与创造性活动及创新人才培养的关系来看，虽然有着不可替代的极端重要性，但它是在时间逻辑思维与空间结构思维两者相互作用的基础上形成的一种更高层次的思维形式，而不是与前两者平等、并列的第三种基本思维形式。

在工业设计过程中，设计的过程与结果都是通过人脑的思维来实现的。人的思维过程一般来说是理性思维和感性思维有机结合的过程。理性思维着重表现在理性的逻辑推理上，感性思维则着重表现在感性形象的推敲上。理性思维是一种呈线形空间模型的思路推导过程，一个概念通过立论可以成立，经过收集不同信息反馈于该点，通过客观的外部研究过程得出阶段性结论，然后进入下一点，如此循序渐进直至最后的结果。感性思维则是一种树形空间模型的形象类比过程，一个命题产生若干概念，这些概念可能是完全不同的形态，每一种都有发展的希望，在其中选取符合需要的一种，再发展出若干个新的概念，如此举一反三地逐渐深化，直至最后产生满意的结果。理性思维是从点到点的空间模型，方向性极为明确，目标也十分明显，由此得出的结论往往具有真理性。使用理性思维进行的科学研究，最后的正确答案只能是一个。而感性思维则是从一点到多点的空间模型，方向性极不明确，目标也就具有多样性，而且每一个目标都有成立的可能，结果十分含混。因此，使用感性思维进行的艺术创作，其好的标准也是多元化的。

在产品设计的过程中需要综合以上两种思维方法，由于每一项具体设计内容总有着特殊的限定，这种限定往往受各种因素的制约，如果过分考虑功能因素，使用一种理性的思维形式，也许永远不能创造出新的样式。设计的过程与结果如同一棵枝繁叶茂的苹果树的生长，一个主干若干分枝，所有的果实都汇集于尖端，尽管全是苹果，但没有一个是完全相同的，无论是形体、大小还是颜色都有差异，这种差异与设计的终极目标在概念上是一样的。这个概念就是个性，这种个性实际上是设计的灵魂。

产品的创新是依靠理性思维和感性思维的相互交叉作用实现的。在产品的原理技术创新阶段，可以通过直觉的形象思维来发现问题，用逻辑思维来进行验证。而在后期产品的外形美感及色彩和材料的选用上，则可以通过一定的逻辑思维方法来提出方案，再用直觉思维来进行验证。总之，在任何的创新过程中空间结构思维和时间逻辑思维都始终贯穿其中。而在艺术类的创新中，形象思维的比重比较大，视觉和听觉的直觉思维也起着很重要的作用，当然也离不开逻辑思维。在科学类的创新思维中，最初的形象思维是依据直觉思维的激发来实现的。但是这种形象思维是建立在大量的逻辑思维之上的一种顿悟，而这种顿悟在后期还要得到逻辑思维的验证。

5.1.4 两类不同创造性活动的思维过程及特点

人类的创造性活动通常有两类：艺术类与科学类。艺术类包括音乐、美术、文学创作等，而科学类包括自然科学和社会科学领域的各种理论探索。这两类创造性活动的思维过程及特点不完全相同。工业设计活动是一种综合的创造性活动。在产品创新的初期，产品的原理和技术材料等方面的创新是偏向于科学类的创新，而后期的产品的外观色彩、外形的确定等方面的创新则大多属于艺术类创新的范畴。

1. 艺术类创造性活动的思维过程及特点

音乐大师莫扎特在一封信中描述了他在乐曲创作过程中的思维过程："当我感觉良好并且很有兴致时，或者当我在美餐后驾车兜风或散步时，或者难以入眠的夜晚，思绪如潮水般涌进我的脑海。它们是在什么时候、又是怎样进来的呢？我不知道，而且与我无关。我把那些令我满意的思绪留在脑中，并轻轻地哼唱它们。至少别人曾告诉我，我是这样做的。一旦我确定了主旋律，另一个旋律就按照整个乐曲创作的需要连接到主旋律上，其他的配合旋律和每一种乐器以及所有的曲调片段也一一参与进来，最后就产生出完整的作品。"

画坛巨匠梵高在谈到自己的创作经验时曾描述这样一种体验："我正在树林中稍有倾斜的地面上作画，这块地周围铺满了山毛榉的逐渐褪色的落叶。在夕阳的辉映下，这些落叶被染成了深深的棕红色。这种色彩是如此的艳丽，以至你无法想象有哪一种地毯的颜色能与之相比。如何才能表现出这种神奇的色彩、坚实的土地和巨大的生命力是一个十分困难的问题。在我绘下这幅景象的时候，我第一次发现黄昏时分竟有如此多彩的光线，画家应在保持夕阳余晖和丰富色彩的同时把握住这些光线。"

从上述两位艺术家的不同体会和感受中，可以总结出艺术类创造性活动中的思维过程具有以下特点。

① 思维的材料主要反映事物属性的各种表象。音乐家面对的主要是事物的听觉表象，画家和文学家面对的则主要是事物的视觉表象。

② 思维的过程主要是潜意识思维模式（即灵感出现的瞬间）。它是突如其来的，如莫扎特所言，"它们是在什么时候、又是怎样进来的呢？我不知道，而且与我无关"；梵高对黄昏日落曾经见过千百次，但对夕阳和色彩的真正领悟只是在林中作画时才突然闪现。创造主体对思维过程事先不能觉察，也无法用言语描述，所以艺术灵感的孕育与发生是潜意识的思维过程。

③ 思维的成果是前所未有的，极具艺术魅力。它是给人以深刻美感的全新的艺术形象。这种全新的艺术形象对于作曲家是以事物的听觉形象来体现的，对于画家是以视觉形象来体

现的，对于文学家则是以典型人物的形象来体现的。

④ 整个艺术创造的思维过程离不开逻辑思维的指引。

由于在艺术创造的思维过程中，主要的思维材料是事物表象，所以这个过程基本上是属于形象思维的过程。灵感的出现虽然有其突发性、偶然性，事先无法察觉，但却并非凭空而来。莫扎特作品的形成要先确定一个主旋律，这个主旋律或主题一般是要通过逻辑分析、推理才能确定的。梵高之所以能从人们司空见惯的黄昏景象中，发现夕阳染红落叶的神奇色彩和蕴含其中的巨大美学价值，从而激起灵感，创作出不朽名画，是因为事先他对荷兰绘画界中有关忽略色彩使用的问题做过细致的分析与研究。而这些分析与研究，显然离不开深刻的逻辑思维。可见，艺术创造的思维过程，绝不仅仅是形象思维过程，其中必然包含逻辑思维。形象思维离不开逻辑思维的指引与调控，否则将迷失方向。任何伟大的艺术作品都是高度发展的形象思维与深刻的逻辑思维有机结合的产物。

2. 科学类创造性活动的思维过程及特点

阿基米德原理的发现是历史上运用直觉思维实现科学领域理论上突破的一个著名例子。阿基米德所在国家的摄政者得到了一顶黄金制成的皇冠，他让阿基米德想办法来测定一下皇冠是否是纯金的。由于皇冠的体积很不规则，阿基米德冥思苦想了好长时间，一直找不到可行的测量方法。一天晚上，当他在浴盆中坐下准备洗澡时，盆中的水面升高了。这个往常从未注意过的现象却一下子让他突然领悟到水面升高的体积很可能等于他的身体浸入水中部分的体积，而这正是测量不规则物体体积的既简单又可行的办法。于是，阿基米德依靠这个偶得的灵感解决了皇冠的鉴别问题。阿基米德的成功在于他凭直觉从两种表面看似乎毫不相干的事物中发现了它们之间内部隐藏着的相互关系。

牛顿发现万有引力定律的过程也与此类似。千百年来，曾经有多少人无数次看到过苹果落地以及其他类似的自由落体现象，但是从来没有人考虑过这一现象与月球绕地球转动之间有什么关系。只有牛顿思考了这个问题并且敏锐地觉察出这两种现象之间的内隐关系都是由地球的引力造成的，在此基础上经过严密的计算和逻辑推理，牛顿终于揭示了万有引力定律。

在科学类创造性活动中使用形象思维的例子也很多。可以说任何一项科学发现或创造发明都需要有高度的想象力，都离不开联想、想象。

在自然界，响尾蛇的视力本来很差，对它周围很近的物体都看不清，但是在黑夜中它却能准确地捕获十多米远的田鼠。生物学家发现其秘密在于它的眼睛和鼻子之间的颊窝，这个部位是一个生物的红外线感受器，能感受到远处动物活动时发出的微量红外线，从而进行热定位。美国导弹专家由此产生联想，进而设计出能自动跟踪目标的"响尾蛇"红外跟踪导弹。这是运用生物的热定位机能进行联想，从而研制出仿生武器的例子。

20世纪最伟大的物理学家爱因斯坦，根据自身的体会描述了科学创造活动中思维过程的两个阶段：第一阶段利用"视觉"和"肌肉"类型的思维元素（即以视觉表象与动觉表象作为思维加工对象）进行直觉思维或形象思维。在与科学类创造性活动有关的直觉思维中主要是利用空间关系表象，在与科学类创造性活动有关的形象思维中主要是利用事物的属性表象。在这一阶段中，通过直觉思维先把握事物的本质属性或复杂事物之间的内隐关系，然后才进入第二阶段，即选用适当的词语概念来进行逻辑分析、推理，以论证和检验直觉思维和形象思维结果的正确性。简而言之，爱因斯坦在这里所说的第一阶段就是直觉思维或形象思维阶段，第二阶段则是逻辑思维阶段。爱因斯坦在科学类的创造性活动中更为强调的是第一阶段即直觉思维或形象思维的作用，正因为如此，爱因斯坦曾明确宣称："我相信直觉和顿悟"。

由上述科学发现的事例可以总结出科学类创造性活动中的思维过程具有以下几个特点。

① 科学类创造性活动的目的是要揭示事物的本质和发现自然界或人类社会中的运动变化规律，因而这种创造性活动中思维过程的主要材料必然是反映事物属性的"客体表象"和反映结构关系的"空间关系表象"。

② 潜意识过程中科学创造活动的高潮即顿悟出现的瞬间是突如其来的、偶然的。例如，阿基米德想要证实皇冠是否是纯金制作的，但一直找不到合适的方法，只是当他坐进浴盆时，才突然领悟。牛顿由苹果落地而发现万有引力定律，也有这种突发性和偶然性，即这种顿悟是事先不能预期的，其形成过程也无法用语言来描述。可见科学顿悟的孕育与发生是一种潜意识的思维过程。

③ 思维的成果是未曾被揭示过的、具有科学价值、能对人类文明与进步产生推动作用的新理论、新方法。在这种理论的指导下，可以开发出用于解决相关领域实际问题的程序、措施或窍门。

④ 整个科学创造的思维过程离不开逻辑思维的指引、调控和验证。

科学创造活动思维过程中的主要思维材料是"关系表象"和"客体表象"，因此属于直觉思维或形象思维过程。科学创造活动的顿悟则属于直觉思维或形象思维的高级阶段。顿悟的出现虽然有其突发性、偶然性，但却并非凭空而来。阿基米德之所以能顿悟到浴盆水面上升所排出的水的体积正是他所要解决问题的关键，是因为他事先通过逻辑分析和推理知道，解决问题的关键是如何测量出皇冠的体积。正是在这一逻辑思维结果的指引下，阿基米德才把自己直觉思维的焦点指向与皇冠体积测量相关联的事物，才有可能在盆浴过程中发生顿悟。除此以外，由直觉思维而产生的顿悟，尽管能对事物之间的复杂、内隐关系做出快速的综合判断，但不能保证这种判断必定正确。同时，这种整体综合判断也不一定能满足问题在量化方面的要求。因此，对于顿悟的结果，通常还要通过逻辑思维来加以论证、检验，并进行精确的定量分析。

5.2 创造性思维的心理模型

英国生理学家高尔顿于1869年发表的《遗传的天才》一书是最早的关于创造力研究方面的系统科学文献。此后，国外及国内的心理学家对于创造性思维从不同的侧重点进行了研究，下面是几个比较典型的心理模型。

5.2.1 沃拉斯的"四阶段模型"

美国心理学家约瑟夫·沃拉斯在其1945年发表的《思考的艺术》一书中，运用科学方法对创造性思维所涉及的心理活动过程进行了较深入的研究。沃拉斯首次对创造性思维提出了包含准备、孕育、明朗和验证四个阶段的创造性思维一般模型，至今在国际上仍有较大的影响。

沃拉斯认为，任何创造性活动都包括准备、孕育、明朗和验证四个阶段，每个阶段有各自不同的操作内容及目标。

（1）准备阶段

熟悉所要解决的问题，了解问题的特点。为此要围绕问题搜集并分析有关资料，并在此基础上逐步明确解决问题的思路。

（2）孕育阶段

创造性活动所面临的必定是前人未能解决的问题，尝试运用传统方法或已有经验必定难以奏效，只好把欲解决的问题先暂时搁置。表面上看，认知主体不再有意识地去思考问题而转向其他方面，实际上是用右脑在继续进行潜意识的思考。这是解决问题的酝酿阶段，也叫潜意识加工阶段。这段时间可能较短，也可能延续多年。

（3）明朗阶段

经过较长时间的孕育后，认知主体对所要解决问题的症结由模糊而逐渐清晰，于是在某个偶然因素或某一事件的触发下豁然开朗，一下子找到了问题的解决方案。由于这种解决往往突如其来，所以一般称之为灵感或顿悟。事实上，灵感或顿悟并非一时心血来潮、偶然所得，而是前两个阶段中认真准备和长期孕育的结果。

（4）验证阶段

由灵感或顿悟所得到的解决方案也可能有错误，或者不一定切实可行，所以还需要通过逻辑分析和论证以检验其正确性与可行性。

沃拉斯"四阶段模型"的最大特点是显意识思维（准备和验证阶段）和潜意识思维（孕育和明朗阶段）的综合运用，而不是片面强调某一种思维，这是创造性思维赖以发生的关键所在，也是该模型至今仍有较大影响的根本原因。

5.2.2 刘奎林的"潜意识推论"

1986年，我国研究思维科学的学者刘奎林发表了一篇颇有影响的论文《灵感发生论新探》。该文对灵感的本质、灵感的特征和灵感的诱发等问题做了较深入的探索，并力图在20世纪80年代国际上已取得的科学成就（特别是脑科学、心理学与现代物理学等方面的成就）的基础上，对灵感发生的机制做出比较科学的论证。该文提出了一种"潜意识推论"的理论，并运用这一理论建立起"灵感发生模型"。

刘奎林的创造性思维模型建立在他所提出的"潜意识推论"的理论基础上，要了解该模型就需要先介绍"潜意识推论"。19世纪德国的物理学家和生理学家亥姆霍兹在谈到知觉时就经常使用"无意识推论"这个术语。刘奎林借用了这个术语，但赋予了它全新的含义。刘奎林的所谓潜意识推论是指未被意识到的一种特殊推论。它是信息同构与脑神经系统功能结构的建构之间相互作用、相互制约的辩证发展过程。

这里所说的"信息同构"是指当前知觉到的关于客观事物的信息（以下简称"当前知觉信息"或"输入信息"）与大脑中原来存储的经验信息（以下简称"经验信息"）之间的一种整合过程。这里所说的"脑神经系统功能结构的建构"是指客观事物的信息作用于个体的感官，使之产生知觉之后，即形成强弱程度不同的电流，刺激脑细胞的大分子，从而发生电位变化和化学变化，并引起神经系统功能结构的变化。然后脑细胞的某一分子就与某一种信息产生暂时或固定的联系，成为某一信息的载体和确定的信号。这就完成了某一脑细胞分子功能结构的建构。

在信息同构过程中，通过当前知觉信息与原有经验信息之间的辨认、匹配、映射等整合作用，不断驱使脑细胞大分子功能结构发生变化。这就是潜意识推论得以发生的神经生理基础。

显意识推理和潜意识推论是人类意识活动的两种方式。它们的不同有两个方面。第一，潜意识推论不像显意识推理那样自觉意识强，并以清晰的概念进行分析、综合、归纳和演绎。第二，潜意识推论是新输入的知觉信息和过去的经验信息相互整合，并配合与这种整合相关的大脑生理功能结构的建构进行辩证发展。因此潜意识推论是一种理性的、非归纳、非演绎的非逻辑推论。

刘奎林在以上潜意识推论的基础上，提出了灵感思维发生过程模型，其具体内容如下。

① 首先，显意识把认知主体当前正在积极思考并寻找解决办法的课题，作为指令性信息输送给潜意识，这是灵感发生的前提。潜意识推论活动就围绕这条主线进行。这种指令性信息不管是以光波、声波、压力、温度等形式出现的，还是以形象、语言、概念出现的，都一律转换成生物电流脉冲信号，并通过神经纤维传给右脑（刘奎林认为潜意识在右脑）。

② 显意识把指令性信息传给潜意识后，由于自我意识的强烈要求，使形成的电脉冲信号的时空分布呈现光亮（比平时强烈得多的）信息，从而促使新输入知觉信息与已有经验信息之间的同构活动加快，也使右脑神经网络功能的重新建构配合更为默契，由此得到潜意识推论后的新信息或良好图形。

③ 第二步整合的结果又反馈到显意识。显意识对反馈信息常以抽象思维、形象思维等形式进行综合分析。鉴别后如果不符合要求，则又以新的指令性信息输送给潜意识。

④ 如此往复多次，一旦符合目的的推论结果涌向潜意识，便会获得柳暗花明的感觉，这表明灵感迸发了。

刘奎林认为"灵感思维作为人类的一种基本思维形式，同抽象思维、形象思维一样，都属于人脑这块特殊物质的高级反应形式。灵感思维的发生也有一个过程，只不过不是在显意识之内，而是在潜意识。潜意识孕育灵感时，除了靠潜意识推论，还常有显意识功能的通融合作，当孕育成熟就会突然沟通，涌现于显意识，成为灵感思维。"由这段论述可以看出，刘奎林所说的灵感思维实质上就是创造性思维。

5.2.3 吉尔福特的"发散思维"

所谓发散思维（Divergent Thinking）是指不依常规、寻求变异、有多种答案的一种思维形式。它要求沿着各种不同的方面去思考，重组眼前的信息和记忆系统中的信息。发散思维具有流畅性、变通性和独特性的特点。发散思维是创造性行为产生的关键因素。

发散思维是创造性思维结构的一个组成要素，但不是人类思维的基本形式。其作用只是为创造性思维活动指明方向，即要求朝着与传统的思想、观念、理论不同的另一个（或多个）方向去思维。发散思维的实质是要冲破传统思想、观念和理论的束缚。对发散思维的理解要注意以下几方面。

① 发散思维是创造性思维结构中的一个要素，不是创造性思维的全部。发散思维在创造性思维中起目标指向（即确定思维方向）的作用。思维的方向性问题在创造性思维活动中有决定性意义，因此对发散思维的作用绝不能低估，但它不能解决创造性思维活动中的一切问题。

② 发散思维没有自身特定的思维材料，也没有自己特定的思维加工手段或方法，因此它不是人类思维的基本形式，也不可能成为创造性思维活动的主体（即主要过程），它仅起指引思维方向的作用。主要的创造性思维过程由三个要素（形象思维、直觉思维、时间逻辑思维）来实现，发散思维不应该也不可能越俎代庖。

1967 年，美国加州大学心理学家吉尔福特在对创造力进行详尽的因素分析的基础上，提出了"智力三维结构"模型。吉尔福特认为，人类智力应由三个维度的多种因素组成：第一维是指智力的内容，包括图形、符号、语义和行为四种；第二维是指智力的操作，包括认知、记忆、发散思维、聚合思维和评价五种；第三维是指智力的产物，包括单元、类别、关系、系统、转化和蕴含六种。这样，由四种内容、五种操作和六种产物共可组合出 $4 \times 5 \times 6 = 120$ 种独立的智力因素。后来，在 1971 年和 1988 年吉尔福特又对该模型做了修改、补充，最后成为具有 180 个因素的三维结构。

吉尔福特认为，创造性思维的核心就是上述三维结构中处于第二维度的发散思维。发散思维也叫求异思维、逆向思维、多向思维。它不是一种基本的思维方式，因为它不涉及思维的材料和思维的过程，它只是根据思维对目标的"指向"这一种特性（是集中还是分散，是单一目标还是多重目标，是考虑正方向还是考虑反方向，是求同还是求异），对思维做出的区分。其目的是为了打开人们的思路，扩展人们的视野而不至于受传统思想、观念和理论的限制与束缚。吉尔福特和他的助手托伦斯等人着重对发散思维做了较深入的分析，在此基础上总结出关于发散思维的主要特征。

流畅性（fluency）：在短时间内能连续地表达出的观念和设想的数量；

变通性（flexibility）：能从不同角度、不同方向灵活地思考问题；

独创性（originality）：具有与众不同的想法和独出心裁的解决问题思路。

吉尔福特针对这些特征研究出一整套测量这些特征的具体方法。然后，又把这种理论应用于教育实践，围绕上述指标来培养发散思维，使发散思维的培养变成了可操作的教学程序。虽然创造性思维不等同于发散思维，但是对于创造性思维的研究与应用来说，这是一个很大的跨越。

5.2.4 何克抗的"创造性思维模型"

何克抗认为，创造性思维过程中涉及的思维形式有发散思维、形象思维、直觉思维、时间逻辑思维、辩证思维和横纵思维六种。也就是说，创造性思维过程应当由发散思维、形象思维、直觉思维、时间逻辑思维、辩证思维和横纵思维六个要素组成。这六个要素并非互不相关、彼此孤立地拼凑在一起，也不是平行并列、不分主次地结合在一起，而是按照一定的分工，彼此互相配合，每个要素发挥各自不同的作用。对于创造性思维来说，有的要素起的作用更大一些，有的要素起的作用相对小一些，但是每个要素都是必不可少的。六个要素共同形成了一个有机的整体创造性思维结构。

具体来讲，发散思维主要解决思维目标指向，即思维的方向性问题；辩证思维和横纵思维为高难度复杂问题的解决提供有效的指导思想与加工策略；形象思维、直觉思维和时间逻辑思维则是人类的三种基本思维形式，也是实现创造性思维的主体。也就是说，创造性思维结构由以下层次组成。

一个指针（发散思维）——用于解决思维的方向性问题；

两条策略（辩证思维、横纵思维）——提供宏观的哲学指导和微观的心理加工策略；

三种思维（形象思维、直觉思维、时间逻辑思维）——用于构成创造性思维过程的主体。

在此基础上，通过对非随意创造思维加工过程的深入分析，何克抗提出了关于非随意创造思维的心理模型——内外双循环模型（Inside and Outside Circulation Model，简称Double Circulation Model 或 DC 模型）。内循环主要涉及下列思维过程：时间逻辑思维、发散思维、形象思维（包括对事物属性表象的联想、想象、分析、综合、抽象、概括等心理操作）、直觉思维（包括对事物关系表象的整体把握、直观透视和快速综合判断）；外循环则主要涉及时间逻辑思维。

DC 模型的核心是内外双重循环的反复交互作用。其中内循环是在显意识激励与潜意识探索这两种心理操作之间循环，其作用是要实现创造性突破。内循环围绕显意识提出的创造性目标（环 A 的指令）形成灵感或顿悟；外循环则是在显意识激励、潜意识探索与显意识检验三种心理操作之间循环，其作用是对内循环的思维成果（即灵感或顿悟的结果）进行检验。对于内循环的思维成果，如果它未能通过外循环的检验，则根据当前思维成果与原定创造性目标之间的差距，适当修改环 A 的指令，然后重新转入内循环去进行新一轮的潜意识探索；如果它能通过外循环的检验，则表明原定创造性目标已经达到，于是创造性思维过程结束。

在内外两重循环中，对于创造性突破来说，关键是靠内循环。内循环与显意识思维有关，受显意识思维的激励、指引与调控，更与潜意识思维直接有关，它主要在潜意识中进行；外循环将内循环包含在其中，因而从整体上看，它也与潜意识思维有关。如果把内循环看作一个独立环节，则外循环本身就只与显意识思维（即时间逻辑思维）有关。这表明，我们在进行创造性思维培养时，应当紧紧抓住内循环这个关键。在此基础上，再兼顾外循环。DC 模型可以清晰地阐明非随意创造思维的心理操作过程与加工机制，依据该模型进行创造性思维的培养与训练，对促进创造型人才的成长有重要意义。

5.3 激发创意的方法

如果说设计是一种创造性行为，其主体是设计师，那么决定这个创造性行为的最关键的因素是设计师的创造性思维能力的强弱。因而如何培养设计师的创造性思维能力，是设计心理学中的一个重要问题。在本质上，每个人都有创新的意识并存在着创造的潜能，也都具有内在的设计潜力。对设计师来说，要想得到富有创意的设想，需要通过正确的方法对创造性思维进行激发。下面是几个激发创意的方法。

5.3.1 头脑风暴法

头脑风暴法是一种从心理上激励群体创新活动的最通用的方法。它是美国企业家、创造学家奥斯本于 1938 年创立的。头脑风暴（Brain Storming）原是精神病理学的一个术语，是指精神病人在失控状态下的胡思乱想。奥斯本借用此词来形容创造性思维的自由奔放、不循常规；形容创新的设想如暴风骤雨般地激烈涌现。为了排除由于害怕批评而产生的心理障碍，奥斯本提出了延迟评判原则。他建议把产生设想与对其做出评价的过程在时间上分开进行，要由不同的人参加这两种过程。具体做法如下。

1. 头脑风暴法小组的组成

（1）设立两个小组

每组成员各为 4~15 人（最佳构成为 6～12 人）。第一组为设想组。其任务是举行头脑风暴会议，提出各种设想。第二组为评判组，或称专家组。其任务是对所提出设想的价值做出判断，进行优选。

（2）主持人的人选

两个小组的主持人，尤其是头脑风暴会议的主持人对于头脑风暴法是否成功起着至关重要的作用。主持人要具有民主的作风、平易近人的态度、机敏的反应和适度的幽默感等。在会议中，要求主持人既能坚持头脑风暴会议的原则，又能调动与会者的积极性，使会议的气氛活跃。因而主持人的知识面要广，对讨论的问题要有比较明确和深刻的理解，以便在会议期间能启发和引导成员，把讨论引向深入。

（3）组员的人选

设想组的成员应具有分析评判、抽象思维、幻想和自由联想的能力。两组成员的专业构成要合理。在保证大多数组员是精通该问题或该问题某一方面的专家或内行的同时，也要有少数外行参加，以便突破专业习惯思路的束缚。另外，组员的知识水准、职务、资历、级别等应尽可能大致相同。高级干部或学术权威的参加，往往会造成意见的趋同或是不能自由畅想的情况发生。

2. 头脑风暴会议的原则

（1）自由畅想原则

此原则要求小组成员要自由畅谈、任意想象、尽情发挥，不受熟知的常识和已知的规律的束缚。想法越新奇越好，因为设想越不易现实，就越能对下一步设想的产生起到更大的启发作用。没有错误的设想的催化就没有正确的设想的产生。

（2）严禁评判原则

此原则要求对小组成员提出的任何设想，即使是幼稚的、错误的、荒诞的都不允许批评。不仅不允许公开的口头批评，就连以怀疑的笑容、神态、手势等形式的隐蔽的批评也不能出现。另外，对成员的设想也不能进行肯定的判断，因为这样会使其他小组成员产生一种冷落感，也容易造成一种已找到圆满答案而不值得再深思下去的错觉，从而影响创造性的发挥。

（3）谋求数量原则

会议强调在有限的时间内提出设想的数量越多越好。会议过程中设想应源源不断地提出来。为了更多地提出设想，可以限定提出每个设想的时间不超过两分钟。当会议出现冷场时，主持人要及时地启发、提示小组成员或自己提出一个幻想性设想使会议重新活跃起来。

（4）借题发挥原则

会议鼓励小组成员借用别人的设想开拓自己的思路，提出更新奇的设想，或是补充他人的设想，或是将他人若干设想综合起来提出新的设想。

3. 头脑风暴法的实施步骤

（1）准备阶段

准备阶段包括产生问题；组建头脑风暴法小组；培训主持人和组员及通知会议的内容、时间和地点。

（2）热身活动

为了使头脑风暴会议有热烈和轻松的气氛，使小组成员的思维活跃起来，可以在会议正式开始之前做一些智力游戏，或者猜谜语、讲幽默小故事、出一道简单的练习题，甚至讨论一下如"花生壳有什么用途"这样的问题。

（3）明确问题

由主持人向小组成员介绍所要解决的问题。所提出的问题要简单、明确、具体。对一般性的问题要把它分成几个具体的问题。比如，"怎样引进一种新型的合成纤维"的问题很不具体，至少应该把它分成三个小问题：第一，"提出一些把新型纤维引进到纺织厂的设想"；第二，"提出一些将新型纤维引进服装店的设想"；第三，"提出一些把新型纤维引进零售商店的设想"。

（4）自由畅谈

由小组成员自由地提出设想。主持人要坚持原则，尤其要坚持严禁评判的原则。对违反原则的与会者要及时制止。主持人对违反原则且屡教不改的小组成员可劝其退场。会议秘书要将小组成员提出的每个设想记录下来或是进行现场录音。

（5）会后收集设想

在会议的第二天再向小组成员收集设想，这时得到的设想往往更富有创意。

（6）如问题未能解决，可重复上述过程

如果还是使用原来的小组成员，则要从另一个侧面或用最广义的表述来讨论课题，这样才能变已知任务为未知任务，使小组成员的思路轨迹改变。

（7）评判组会议

评判组应该慎重地对在设想组会议中所收集的设想进行评价与优选。评判组成员要详尽、细致地思考所有设想，即使是不严肃的、不现实的或荒诞无稽的设想也应该认真对待。

5.3.2　联想法

联想法是依据人的心理联想形成新设想的一种创造方法。普通心理学认为，联想就是由一事物想到另一事物的心理现象。这种心理现象不仅在人的心理活动中占据重要地位，而且在回忆、推理、创造的过程中也起着十分重要的作用。许多新的创造都来自人们的联想。联想可以在特定的对象中进行，也可以在特定的空间中进行，还可以进行无限的自由联想。而且这些联想都可以产生出新的创造性设想，获得创造的成功。还可以从联想的不同类型，发现不同的联想方法，去进行发现、发明和创造。联想的方法一般为接近联想、对比联想、自由联想和强制联想。

1. 接近联想

在时间、空间上联想到比较接近的事物，从而产生具有创新性的项目，这就叫接近联想。例如，1939 年，德国化学家哈思和奥地利物理学家麦特纳宣布一项重大发现：中子在粒子加速器中轰击铀的现象。意大利物理学家费米在流亡美国时，对上述重大发现进行接近联想，于 1942 年 12 月成功地将一个石墨块反应堆里的中子引起裂变，从而产生核能。

2. 对比联想

由某一事物的感知和回忆引起和它具有相反特点的事物的回忆，这就叫对比联想。例如，黑、白、大、小、水、火、黑暗、光明、温暖、寒冷，以上是成对的具有相反意义的词汇，由一个词汇的含义可以对比联想到与其相反意义的词汇。在运用对比联想进行创造的过程中，联想构思的对象可能是已有的发明项目，也可能是有意义的新发明项目；具体联想的结果可能是有意义的，也可能是无意义的。对比联想具有背逆性，在联想过程中，常运用逆向思维。例如，吸鸦片有害人体健康，但用鸦片能给人治病。

3. 自由联想

在人们的心理活动中，一种不受任何限制的联想就叫自由联想。这种联想大都能产生许多新奇的设想。由于其天马行空不受任何限制的特点，有时会收到意想不到的创造效果。但由于自由联想的针对性较差，通常成功的概率会比较低。

例如，荷兰生物学家列文虎克就曾通过自由联想发现了微生物。这是 1675 年的一天，天上下着细雨，列文虎克在显微镜下观察了很长一段时间，眼睛累得酸痛，便走到屋檐下休息。他看着淅淅沥沥下个不停的雨，思考着刚才观察的结果，突然想起一个问题：在这清洁透明的雨水里，会不会有什么东西呢？于是，他拿起滴管取来一些雨水，放在显微镜下观察。没想到，竟有许许多多的"小动物"在显微镜下游动。列文虎克发现的这些"小动物"就是微生物。这一发现打开了自然界一扇神秘的窗户，揭示了生命的新篇章。列文虎克正是通过自由联想而获得这一发现的。

4. 强制联想

强制联想是与自由联想相对而言的，是对事物有限制的联想。限制的规则包括同义、反义、部分和整体等。一般的创造性活动会鼓励自由联想，但在具体要解决某一个问题时，可采用强制联想。它使人们集中全部精力，在一定的控制范围内去联想，去发明创造。在创造性活动中，这类创造发明的例子也是屡见不鲜的。

例如，悬挂式多功能组合书柜就是采用"书柜"与"壁挂"的强制联想设计成功的。壁挂是装饰手段较丰富的室内装饰物。书柜与壁挂强制联想，把书柜按照形式美的规则做成像壁挂那样美观的形式，挂在墙上，放上书籍，使书柜具有更广泛的表现力。

联想的方法是很多的，人们还可以从对象的因果关系上去进行联想，也可依据事物的同类原则去进行联想，还可以从事物之间的相关特性中去进行联想。各种各样的联想方法都可以产生创造性设想，从而获得创造的成功。

5.3.3　组合创新法

组合创新法是一种很常用的创新方法，是指按照一定的技术需要，将两个或两个以上的技术因素（如性能、原理、功能、结构或模块等）通过巧妙的组合，去获得具有统一整体功能的新技术产物的过程。组合创新法是很重要的创新方法。有一部分创造学研究者甚至认为，所谓创新就是把人们认为不能组合在一起的东西组合到一起。日本创造学家菊池诚博士说过："我认为搞发明有两条路，第一条是全新的发现，第二条是把已知其原理的事实进行组合。"近年来也有人曾经预言，"组合"代表着技术发展的趋势。

总的来说，组合是任意的，各种各样的事物要素都可以进行组合。例如，不同的功能或目的可以进行组合；不同的组织或系统可以进行组合；不同的机构或结构可以进行组合；不同的物品可以进行组合；不同的材料可以进行组合；不同的技术或原理可以进行组合；不同的方法或步骤可以进行组合；不同的颜色、形状、声音或味道可以进行组合；不同的状态可以进行组合；不同领域、不同性能的东西也可以进行组合。组合的事物可以是两种事物之间的组合，也可以是多种事物之间的组合；可以是简单的联合、结合或混合，也可以是综合或化合等。以下是比较常用、较为典型的组合方式。

1. 成对组合

成对组合是组合法中最基本的类型，它是将两种不同的技术因素组合在一起的创新方法。根据组合的因素不同，可分为材料组合、用品组合、机器组合、技术原理组合等多种形式。

材料组合是将现有的原料与另一种不同性能的材料组合起来获得新材料的组合。这样得到的新材料往往具有新的性能，可以满足某种要求。例如，诺贝尔为了把轻微震动就爆炸的液体硝化甘油做成固体易运输的炸药，将硝化甘油和硅藻土混在一起，从而解决了这个问题。

用品组合是将两个用品组合成一个用品，使之具有两个用品的功能，如保温杯、带电子表的圆珠笔、带收音机的应急灯等。此类用品组合一般是以一种用品的形式和功能为主，将另一种用品巧妙地置于该用品的形体之内。

机器组合是把完成一项工作同时需要的两种机器或完成前后两道工序的两台设备结合在一起，以便减少设备的数量、提高效率。这种组合比用品组合复杂，例如，某厂用灰浆搅拌机搅拌灰浆时需加入麻刀，由于麻刀成团，需预先抽打疏松后方能加入搅拌机。为使灰浆与麻刀搅拌均匀且节省人力，把弹棉机的有关机构与搅拌机结合，先弹开麻刀，再用风力吹入搅拌机，收到了较好的效果。

技术原理组合指通过技术原理的组合而获得新的技术产品。日常生活中所使用的焊锡材料就是利用铅和锡的低共熔技术组合而成的新材料。铅和锡的熔点分别为327℃和232℃，然而铅和锡混合共熔后却生成了熔点为183℃的合金（即焊锡）。另外，有的技术原理组合以某一特定对象为主体，通过置换或插入其他技术获得创新的产品。例如，在洗衣机中插入甩干装置，就出现了具有全自动漂洗和甩干功能的全自动洗衣机。也有人把这种组合叫作内插式组合。

2. 辐射组合

辐射组合是以一种新技术或令人感兴趣的技术为中心，同多种传统技术相结合，形成技术辐射，从而获得多种技术创新的方法。通俗地说，就是把新技术进一步进行开发应用，这也是新技术推广的一个普遍规律。以人造卫星这种新技术所引起的辐射组合为例进行说明。人造卫星技术成功以后，将它与各种学科的技术进行组合，后来扩展到卫星电视转播、卫星通信转播、卫星气象预报、卫星导航，以及对行星、恒星的研究等方面的新技术。

这种辐射组合的中心点是新技术，在产品设计中，如果把这个中心点改为一项具有明显优点的技术，也可以用辐射组合的方法开发新产品。例如，小电机技术通过辐射组合，把它应用到家用电器中，就可以得到吹风机、吸尘器等小家电产品。此外，还有一种类似辐射组合的方法，即某事物寻求改进或创新，可以把此事物作为中心点，与一些与改进事物毫不相干的甚至风马牛不相及的事物强行组合。这种方法形式上与辐射组合相似。虽然其大多数组合可能是无意义的、荒唐的，但往往也可以从中找到有价值的方案。将这种组合称为焦点组合。

3. 形态分析组合

形态分析组合也称形态分析法，是瑞典天文物理学家卜茨维基于1942年提出的，它的基本理论是：一个事物的创新程度与相关程度成反比，事物（观念、要素）越不相关，创新程度越高，即越易产生新的事物。其做法是：将创新题目分解为若干相互独立的基本因素，找出实现每个因素的可能的技术手段或形态，然后加以排列组合得到多种解决问题的方案，最后筛选出最优方案。

例如，要设计一种火车站运货的小型机动车，可以根据对此车的功能要求和现有的技术条件，把问题分解为驱动方式、制动方式和轮子数量三个基本因素。对每个因素列出几种可能的形态。例如，驱动方式有柴油机、蓄电池；制动方式有电磁制动、脚踏制动、手控制动；轮子数量有三轮、四轮、六轮，则组合后得到的总方案数为2×3×3=18种。然后筛选出可行方案或最佳方案。

由于所得方案是在各种方案中选出的,因此形态分析组合方法的特点是具有全解系性质。其另一特点是具有形式化性质,它不仅要依靠发明者的直觉和想象,还要依靠发明者认真、细致、严谨的工作作风及与发明课题有关的专业知识。此方法的第三个特点是有较高的实用价值,它不仅适用于发明创造,而且也适用于管理决策、科学研究等方面。

5.3.4 逆向异想法

运用逆向思维来构思项目,从而设计出新产品或创新出新方法,这就叫作逆向异想法。例如,具有"电磁学奠基人"称谓的法拉第就是一位逆向思维科学家。1820年奥斯特发现了金属导线通电后在其周围产生磁场,并且能使附近的磁针运转这一现象。这引起了法拉第的注意,他运用逆向思维想到:既然"电能生磁",为什么不能"把磁变成电"呢?后来,法拉第通过试验,终于发现了在磁场中运动的金属导线中能够产生电流,1931年他运用此原理发明了直流发电机。

另一个例子是美国的爱迪生运用逆向异想法发明了留声机。1877年,爱迪生在改进电话的实验中,意外地发现传话器里的膜板随着声音的变化会引起相应的震动。其具体表现是低的声音颤动慢,而高的声音颤动快。爱迪生运用逆向思维想到:既然说话的声音能使短针颤动,那么这种颤动能否反过来使它发出说话的声音呢?根据这一设想,他制造出了世界上第一架会说话的机器——留声机。

5.3.5 5W2H法

用五个以W开头的英语单词和两个以H开头的英语单词进行设问,发现解决问题的线索,寻找发明思路,进行设计构思,从而完成创新过程,这就叫作5W2H法。

在创新设计中,对一个问题追根刨底,就有可能发现新的知识和新的疑问。所以从根本上说,想要学会创新首先就要学会提问、善于提问。提出疑问对于发现问题、解决问题是极其重要的。创造力强的人,都具有善于提出问题的能力。众所周知,提出一个好的问题,就意味着问题解决了一半。提问题的技巧高,就可以促使人发挥想象力。相反,问题提得不恰当反而会挫伤人的想象力。如果提出的问题中常有"假如……""如果……""是否……"这样的设问,就可以促使人进行想象。

在设计新产品时,常常提出为什么(Why)、做什么(What)、谁(Who)、何时(When)、何地(Where)、怎样(How)、多少(How much)。这就构成了5W2H法的总框架。5W2H法的一般步骤如下。

(1)检查原产品的合理性

产品的合理性可以通过下面的5W2H法中的具体问题来进行检查。下面列举的问题是一般产品中的通用问题,对于具体的产品可以设置有针对性的问题。

① 为什么（Why）？为什么采用这个技术参数？为什么不能有响声？为什么要做成这个形状？为什么采用机器代替人力？为什么产品的制造要经过这么多环节？

② 做什么（What）？条件是什么？哪一部分工作要做？目的是什么？重点是什么？与什么有关系？功能是什么？规范是什么？工作对象是什么？

③ 谁（Who）？谁来办最方便？谁会生产？谁可以办？谁是顾客？谁被忽略了？谁是决策人？谁会受益？

④ 何时（When）？何时完成？何时安装？何时销售？何时是最佳营业时间？何时工作人员容易疲劳？何时产量最高？何时完成最为适宜？需要几天才算合理？

⑤ 何地（Where）？何地最适宜某物生长？何处生产最经济？从何处买？还有什么地方可以作为销售点？安装在什么地方最合适？何地有资源？

⑥ 怎样（How）？怎样做省力？怎样做效率最高？怎样改进？怎样避免失败？怎样求发展？怎样增加销路？怎样使产品更加美观？怎样使产品用起来方便？

⑦ 多少（How much）？功能指标达到多少？销售多少？成本多少？输出功率多少？效率多高？尺寸多少？重量多少？

（2）找出主要优缺点

如果现行的做法或产品经过上述七个问题的审核已无懈可击，便可认为这一做法或产品可取。如果上述七个问题中有一个答复不能令人满意，则表示这方面有改进余地。如果哪方面的答复有独创的优点，则可以扩大产品这方面的效用。

（3）决定设计新产品

克服原产品的缺点，扩大原产品独特优点的效用。

本节中列举的激发创意的方法是比较常见且容易操作的方法，除此之外，还有许多方法，如类比法、移植法、KJ法、信息交合法等。设计人员要熟练掌握这些方法，训练自己的思维，努力提高自己思维的创造性。

5.4 创造性思维在设计中的应用

设计活动是一个创造性设计思维的过程。产品设计中，创新性思维贯穿于整个设计活动的始终，创新是设计的核心。创新与否已成为现代设计成败的关键。创新思维方法可以帮助设计师更好地进行设计的创新。

5.4.1 产品创新的类型

产品创新是对现有生产要素进行重新组合而形成新的产品的活动。产品的创新是一个全过程的概念，既包括新产品的研究开发过程，又包括新产品的商业化扩散过程。根据创新的内容不同，可以分为两种产品创新类型：一类是运用工业设计的技术及方法，以产品需求为基础，开发出全新的产品，称为原创型设计创新，对应于产品设计也称为全新型创新设计；另一类是运用现代工业的设计方法对原有产品进行外观及内部结构的优化与改进，实现局部改进创新，称为次生型设计创新，对应于产品设计也称为改良型产品设计。实际上，人类数百年的工业发展史中，原创型设计创新产品所占的比例微乎其微，大量实用性高的创新产品都是次生型设计创新的产物。严格意义上的创新设计应该是指原创型产品设计。

原创型产品创新设计也可以分为两类：一类是根本式创新设计，它是指企业首次向市场导入的能对经济产生重大影响的创新产品或新技术。根本式创新包括全新的产品或采用与原产品技术完全不同技术的产品，比如，计算机、MP3播放器、纳米技术、彩屏技术的创新。根本式创新的产品往往在功能原理和技术上有重大突破，是产品质的跨越。这类产品创新的内在动力是满足人的需求。另一类原创型产品创新设计是结合了新的技术，在市场新的需求下产生的。这些产品的设计往往引领了人们的生活方式。

5.4.2 技术创新与产品创新设计

技术创新和产品创新有密切关系。技术的创新可能带来但未必带来产品的创新，产品的创新可能需要但未必需要技术的创新。一般来说，运用同样的技术可以生产不同的产品，生产同样的产品可以采用不同的技术。产品创新侧重于商业和设计行为，具有成果的特征，因而具有更外在的表现；技术创新具有过程的特征，往往表现得更加内在。

技术创新可能并不会带来产品的创新，而仅仅带来成本的降低、效率的提高。例如，改善生产工艺、优化作业过程从而减少资源消耗、能源消耗、人工耗费或提高作业速度。另一方面，新技术的诞生往往可以带来全新的产品，技术研发往往对应于产品或者着眼于产品创新。而新的产品构想往往需要新的技术才能实现，创新产品是随着技术的更新而同步进行的。特别是一项新的技术的发明，能够带给产品创新崭新的设计空间。

实例　纳米技术及相关产品的创新

纳米是长度度量单位，一纳米为十亿分之一米。纳米技术的灵感来自已故诺贝尔物理学奖得主理查德·费曼在1959年所做的一次题为《在底部还有很大空间》的演讲中。他当时向加州理工大学的同事们提出了一个新的想法：从石器时代开始，人类从磨尖箭头到光刻芯片的所有技术都与一次性地削去或者融合数以亿计的原子以便把物质做成有用的形态有关。为什么我们不可以从另外一个角度出发，从单个的分子甚至原子开始进行组装以达到我们的要求？他说："至少在我看来，物理学的规律不排除一个原子一个原子地制造物品的可能性。"1990年，IBM公司阿尔马登研究中心的科学家成功地对单个的原子进行了重排，纳米技术取得了关键性突破。目前，计算机硬盘读写头的制造使用的就是这项技术。这项技术的产生是人类创新性思维的伟大成果。物理学家理查德·费曼通过逆向思维达到了这一科学高峰。

自纳米技术创新以来，根据纳米科技与传统学科领域的结合，人们把纳米科技分为纳米材料学、纳米电子学、纳米生物学、纳米化学、纳米机械学和纳米加工等。这一创新技术成果也使一批创新产品随之产生，给人们的生活和工作带来了巨大的影响。如图 5-1 所示，这是运用纳米技术设计的一款手机——纳米概念手机"软蛇"（NOKIA Morph）。它是由诺基亚开发研究中心与英国剑桥大学合作研发的。"软蛇"外形绚丽，可以随心所欲地变形，其造型如蛇般柔魅、妖异、神秘。借助神奇的纳米技术，它在给人以良好外观感觉的同时还可以自动清洁，"软蛇"的外壳可以抵抗汗液等常见成分的侵蚀，也能抵御指甲和锐器的轻度划伤，并且不会轻易地留下指纹。另外，此款概念手机具有先进的能源系统。纳米技术能帮助"软蛇"在表面形成太阳能吸收和转化层。从转化层吸收的太阳能可以被转化为电能并存储在电池中。

图 5-1　可以弯曲的纳米概念手机"软蛇"

从以上案例可以看出，技术性创新往往给产品创新带来契机。很多全新型创新产品都是在技术性创新的基础上完成的。如图 5-2 所示，这是一款具有指纹识别技术的电脑硬盘。此产品整合了新一代滑动式生物电感应指纹识别传感器和世界一流的指纹识别算法，结合高强度的保护算法，在硬盘上开辟一个指纹保护分区，用于存储用户私密数据。它外观简洁、规范，中部采用不锈钢金属，凸显指纹识别特点。这款创新产品在已有的产品基础上，结合了最新的技术创新，满足了人们对保护隐私的需求。在此款产品的创新过程中，组合式的思维方法起到了关键作用。

图 5-2　具有指纹识别技术的电脑硬盘

5.4.3 组合创造思维与产品创新设计

产品的创新设计来源于创造性思维,创造性思维比较容易实施的一个思维方法就是组合。组合创新法作为一种很常用的创造方法,是指按照一定的需要,将两个或两个以上的因素(如性能、原理、功能、结构或模块等)通过巧妙的组合,去获得具有统一整体功能的新产物的过程。组合的创意方法适用于原创型创新设计,也适用于改良型创新设计。下面以具体的实例为线索来分析组合创新产品。

1. 同类型的形态进行组合

实例 碳纤维战车轮滑鞋

如图 5-3 所示,澳大利亚人迈克尔·詹金斯发明的这款新型碳纤维战车轮滑鞋将滑冰和自行车的功能集于一身。这个轮滑鞋的装置模仿人们骑自行车的原理:首先将轮滑者的双脚和膝盖固定在一根轴上,然后让双脚踩在轮内侧边安装的鞋内。利用膝盖带动双脚,从而带动双轮转动,双脚后跟各装有一个小滑轮保持稳定性。当双脚带动轮子向前转动时,滑轮者可以体验到滑雪和溜冰的速度感。相比传统旱冰鞋,这款轮滑鞋的重心更低,不仅使得轮滑者能滑得更快,而且操作性更强。不仅如此,这款轮滑鞋还可以在草地上滑行,或者带领人们穿越崎岖的地形。它刹车的方法有两种,一种是可以用双手抓住车轮刹车(当然双手要佩戴特制手套),另一种是用脚做一个 T 字形刹车动作。这款产品已经获得 21 世纪 ABC 新发明计划(ABC's New Inventors Program)"最受人们喜爱奖"。这款创新产品把滑冰轮和自行车轮组合在一起,使产品在保持速度的基础上还增加了稳固性。这是通过组合创意思维进行创新产品设计的成功案例。

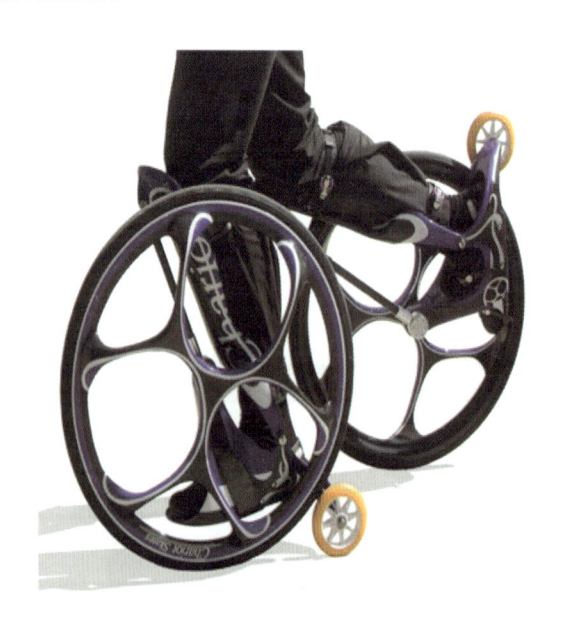

图 5-3 碳纤维战车轮滑鞋

2. 不同领域不同功能的组合

实例　全交互式办公桌

德国亚琛工业大学多媒体计算机研究组向公众展示了一款未来全交互式办公桌，如图 5-4 所示。与现在的办公桌相比，这款未来办公桌巧妙地将"桌面"与"计算机"融为一体。巨大的弯折显示屏不仅可以显示各种电子文件内容，还可以方便使用者直接用手进行操作。它先进的触控技术和便捷的操作方式可以提高工作效率，同时也给办公带来了更多方便，这必将引领一场新的办公革命。这款创新产品是通过桌面和计算机的不同功能组合满足人们工作时多方面的需求的。

图 5-4　未来全交互式办公桌

3. 附加组合

附加组合指将一个附加的功能附带到一个产品的主体上。

外出旅行的人经常面临以下问题：外出旅行所带的行李箱到底可以放多少东西，才能不超出航空公司的限重要求。这个问题在 baek kil hyun 设计的行李箱上（见图 5-5）就不会出现。

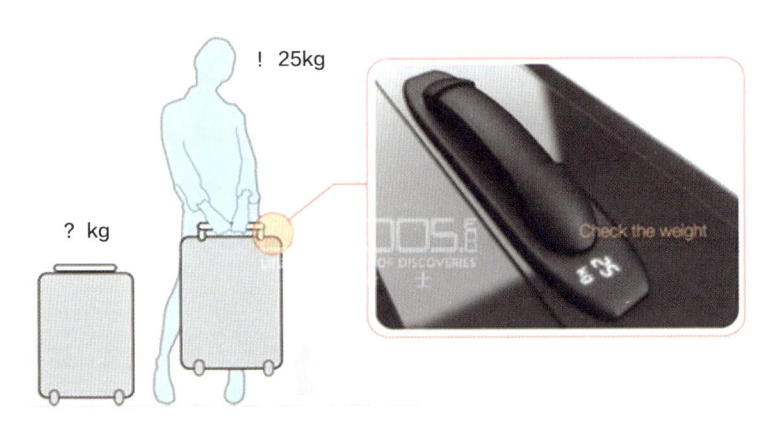

图 5-5　可以称重的行李箱

因为设计者运用组合思维方法在手柄部分增加了一个计算重量的设计。在装好行李提起行李箱的时候，上面就会显示相应的重量。这款行李箱设计的创新之处就在于把称重的功能附加到了行李箱这个主体上，从而解决了实际问题。

4. 结构的组合变换

将产品的结构进行不同组合变化，从而可以产生创新产品。

如图 5-6 所示，由 Chul Min Kang 和 Sung Hun Lim 设计的这款 E-Rope 模块化电源插座获得了 2006 年 Idea 工业设计奖。插座上的蓝色指示灯表示通电，用户将插座扭转 90° 后将自动断电，防止电器普遍采用的待机模式浪费电力。另外，这款插座的模块化设计可以通过不同的组合方式，解决插座连接的空间问题。如图 5-7 所示的这款胶合板折叠椅，通过结构的折叠，可以完成从正常形态到 0.75 英寸厚的一张薄板的变化。它方便整理、收纳和运输，也节约了包装空间，尤其满足了小空间的家居需要。

图 5-6　E-Rope 模块化电源插座　　　　　图 5-7　胶合板折叠椅

5.4.4　逆向性思维下的产品创新设计

世界著名科学家贝尔纳说过："妨碍人们创新的最大障碍并不是未知的东西，而是已知的东西。"如果设计师在设计产品时不知道传统的造型，那么对这一产品的设计创新性就高得多。而逆向思维就是打破已有产品的固有概念，用不同的思维方向来解决问题。逆向思维就是把思维方向逆转，用与原来相反的方法或用表面上看来不可行的有违常规的方法，来解决问题的思维方式。例如，日本夏普公司生产的电烤炉，一般而言，烧烤食品的"火点"应在食品的下方，但日本夏普公司突破"火点"只有在下方才能烧东西的传统概念，将"火点"放在上部，从而使产品的造型有了新的变化。

最早人们用抹布、笤帚等除尘。后来英国人设计了吹尘机，运用吹的原理把灰吹掉。英国曾在铁路上使用大功率的吹尘机往车厢里吹气，直接把垃圾吹出窗外。这样做的结果是，车厢内吹干净了，但车厢外却飞扬着垃圾。为了解决这个问题，设计师从反向思维出发，把吹尘机的原理颠倒过来，决定使用吸气的原理来进行设计。1902 年，桥梁建筑师布特运用此原理设计了全新的吸尘器。对于除尘，人们从模仿自然的吹灰尘到吸灰尘是逆向思维产生的创新成果。

逆向思维有以下两个鲜明的特点。

（1）突出的创新性

它以反传统、反常规、反定势的方式提出问题、思索问题、解决问题，所以它提出的和解决的问题令人耳目一新，具有突出的创新性。

（2）反常的发明性

逆向思维以反常规的方式去思考发明创造的问题，所以用常规方式无法解决的问题用逆向思维就有可能解决。

以下是两个实例。如图5-8所示是一款无链条的自行车概念设计"Nulla/零"。自行车的整个车架和车身显得张力十足。车的轮子采用无轮辐、无轮毂设计，仅靠车轮本身的结构刚度支承负载，连最基本的传动链条也由"踏板—连杆—内齿轮"驱动装置替代，更是体现了"Nulla/零"的特性。这款自行车的设计打破了长期以来自行车一定要有链条的固有模式，通过逆向思维改变了自行车的局部结构，展现了未来自行车简洁大方、时尚前卫、极具圆滑的未来派风格。

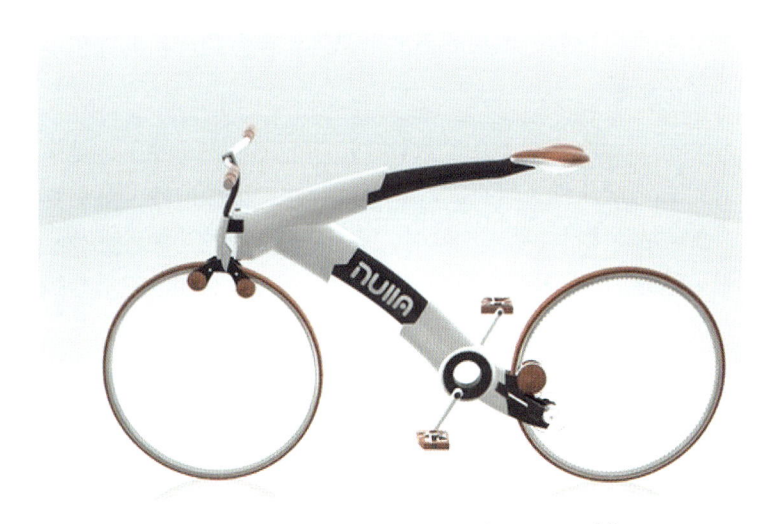

图5-8　无链条的自行车概念设计"Nulla/零"

如图5-9所示，此款设计是本田（Honda）U3-X个人移动设备的单轮车。U3-X来自本田的平衡控制技术，可全方位自由移动，操作简单。像人类行走一样，它可以右转、左转、前进与后退。使用者通过上半身就可以操控装置的运作。这个装置能够自己进行调整，不需要使用者去保持平衡，单轮车机器人会处理行进中平衡补偿的动作。其移动的轮子由一系列小轮组成，使用电动马达锂离子电池驱动，使用时间在一小时左右。此款个人移动设备从逆向思维出发，打破了当今个人移动设备的常规模式，顺应了当今灵巧、方便、节能的设计趋势。

图 5-9　本田（Honda）U3-X 个人移动设备的单轮车

5.4.5　创新思维下的绿色设计

资源、环境、人口是当今人类社会面临的三大主要问题。20 世纪 90 年代，随着全球性产业结构的调整和人类对客观认识的日益深化，在全球掀起了一股"绿色消费浪潮"。在这股绿色浪潮中，设计师们以冷静、理性的态度来思辨怎样做到产品的绿色设计，而不是仅仅考虑产品的外形风格的创新。

绿色设计（Green Design）也称生态设计（Ecological Design），是指在产品整个生命周期内，着重考虑产品环境属性（可拆卸性、可回收性、可维护性、可重复利用性等）并将其作为设计目标，在满足环境目标要求的同时，保证产品应有的功能、使用寿命、质量等要求。绿色设计的原则被公认为"3R"原则，即 Reduce、Reuse、Recycle。这意味着降低环境污染、减少能源消耗，产品和零部件可回收再生循环或者重新利用。

绿色创新设计可以通过许多途径来实现。以下是两个具体的例子。

1. 环保材料的使用

纸制手机"Paper Says"（见图 5-10）是一款和名片差不多大小的环保纸质手机，上面可以印上公司的 Logo 和图像。使用时，沿手机上标注的撕开线撕开就可以展开拨号键盘。纸张可折叠的特性让这款手机非常便携，特别适合那些在世界各地旅行并需要随时拨打电话的用户。纸制的材料可以回收，这是一款绿色的设计。

2. 绿色能源的使用

如图 5-11 所示，这是由韩国设计师 Kyoung Soo Na 针对大都市交通问题设计的一款未来概念电动车：Aiolos。这款未来汽车的设计理念是节能、环保、方便停放。它颠覆了传统汽车的造型，车的主体为一个巨大的圆形滚子，两侧辅助有两个小滚子，并使用了无污染的绿色能源。使用环保材料进行造型，使用绿色能源进行驱动是当今产品设计的趋势所在。

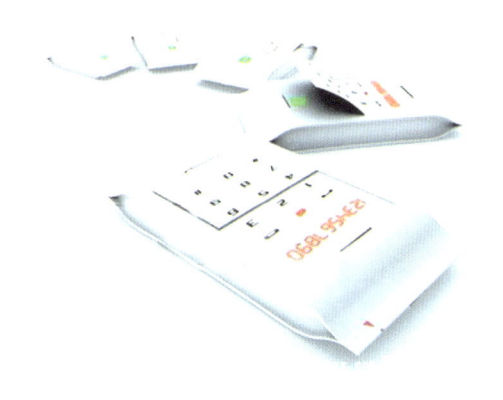

图 5-10　纸制手机"Paper Says"　　　　图 5-11　未来概念电动车：Aiolos

5.4.6　创新思维下的情感化设计

情感化设计是人性化设计的一个核心内容。人性化设计超越了过去对人与物的关系的局限性认知，向关怀和满足人的情感和心理需求方向发展，从而使人更容易接近高科技产品，并从中满足自己的需求。

1．创新性产品带给使用者的是崭新的体验性和趣味性

兴趣是最好的老师，而趣味性是激发兴趣的重要因素。一个极具趣味性的产品能引起人们强烈的情感体验。趣味性设计常常会以与众不同的面目出现在使用者面前，给使用者带来新奇的感受。在创新思维下由于其创新性，使用者可以在操作过程中体验到一种崭新的心理体验或者有趣的心理感受。

如图 5-12 所示的创新产品 Scent Scape 为香水科技公司的一款新产品，这个机器通过 USB 和电脑连接，当信号从正在玩的游戏中发出时，存储在机器内的气味便开始释放，这些气味可以配合游戏同步散发，共由 20 种气味合成。例如，当人们在游戏中徒步穿过松林时，机器散发的恶臭气味和战场上的恐怖气氛将给使用者带来从未有过的崭新体验。

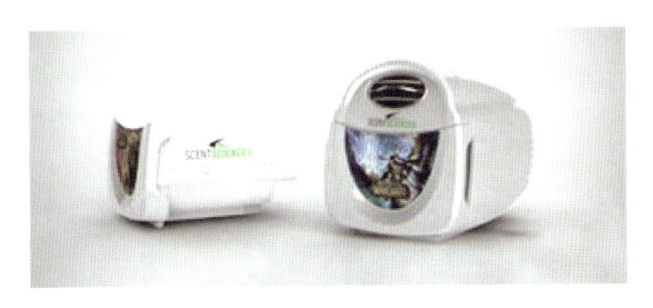

图 5-12　创新产品 Scent Scape

2. 创新性产品带给使用者的是愉悦的心情和情感的满足

日本艺术设计师松井桂三说过，情感经常是一种在设计中不可缺少的元素，它能够把观赏者的心吸引过来，让他们有全新的感受。在创新思维下的情感化设计，由于创新的求异性，带给使用者的是愉悦、新奇、幽默、诙谐等心理感受。

音乐可以给我们带来快乐。在很多时候我们都需要音乐，运动的时候适当的音乐能让我们更有动力，沐浴的时候舒缓的音乐能帮助我们放松，甚至包括孕妇，也愿意用音乐来进行胎教。设计师 Chih-Wei Wang 和 Shou-His Fu 就为我们带来了一个"音乐创可贴"的概念设计，如图 5-13 所示，它名为 Skinny Player。它将存储器、控制器和扬声器集成在一个类似创可贴的设备上，让用户随身"贴"上，就能让音乐常伴左右。

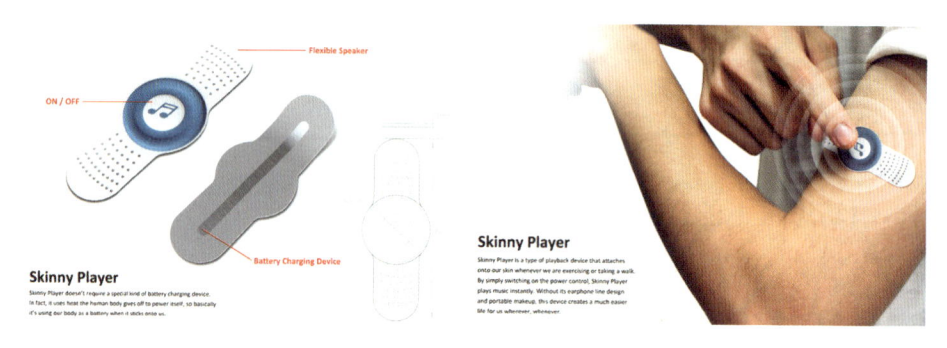

图 5-13　音乐创可贴 Skinny Player

如图 5-14 所示为一款管家机器人。此产品是猩猩的仿生设计。它整体造型活泼可爱，具有亲和力，并配以发光的设计，体现了多个因素相互和谐的统一。它不仅行动自如，还辅以语音识别系统，具有控制方式自然、方便、亲和力好、适用范围广的特点。这款产品做到了内在技术和外在造型的统一、情感和前沿思想的统一。

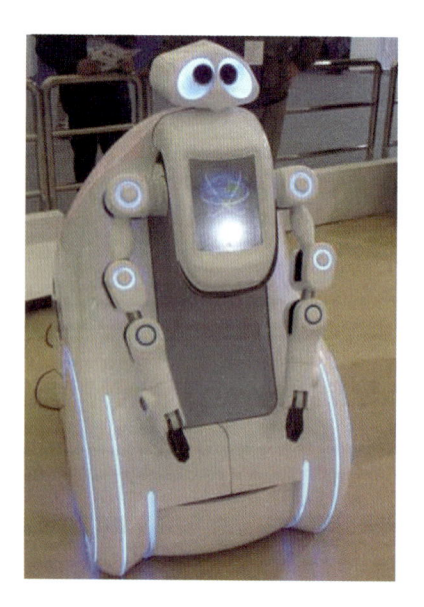

图 5-14　管家机器人

复习思考题

1. 什么是创新性思维？它和创造力有什么关系？
2. 工业设计是一种什么类型的创造性活动？其思维过程和特点是什么？
3. 举出一个使用发散性思维解决问题的例子。
4. 组合方法的具体形式一般有哪些？请举例说明。
5. 技术创新与产品创新的关系是怎样的？

第 6 章
设计与情感化

本章重点

- 情感化设计的概念
- 产品造型与情感化设计
- 材料与情感化设计
- 使用与情感化设计

学习目的

- 通过本章的学习，了解情感化设计的概念，掌握产品造型、材料及使用方面与情感化设计的关系，从而在产品设计中实现情感化设计。

6.1 情感化设计概述

情感是人对外界事物作用于自身时的一种生理的反应。这种反应分为"感觉"和"感情"两大类。第一类是人的一种本能反应，只有感而无情。第二类是因为前者而引发的另外一类的生理反应，不但有感，而且有情。"感觉"和"感情"都是外界事物作用于自身时的一种生理的反应，二者虽有不同，却又有着不可分割的内在联系，统称为"情感反应"。情感是人性格的一个重要组成部分。

随着社会的不断发展，人们对自身的关怀逐渐增强，设计也把注意力更多地关注到产品的情感性方面，更加注重产品本身的情感特征和使用者的情感、心理反应。正如一位美国当代设计家所说："如果产品阻滞了人类的活动，设计便会失败；如果产品使人感到更安全、更舒适、更有效、更快乐，设计便成功了。"现在"以人为本"的原则被普遍认可，说明产品情感化的设计已经受到关注。

除了满足使用者的功能需求外，产品设计也要满足其精神需求。人们希望能够通过产品的造型、色彩、材质和使用方式等各种设计语言与产品进行交流，从而获得全新的情感体验和心理满足（见图6-1、图6-2）。

图 6-1　电源插座　　　　　　图 6-2　情趣小表

6.1.1　什么是情感化设计

情感化设计就是强调情感体验的设计。使用性和目的性是设计的本质属性，因此设计产品所激发的情感体验也不可能仅仅是与使用者之间的情感关照，其最终价值还是归结于它能实现某一既定的目标或目的。

情感化设计不是以情感体验为基本目的的设计，而是设计师通过对人们心理活动，特别是情绪、情感产生的一般规律和原理的研究和分析，在设计中有目的、有意识地激发人们的某种情感，使产品能更好地实现其目的性的设计。比如，在为家庭设计产品时，要注重表现出温馨的情感；在电动工具设计中，要体现一种力量与效率。

6.1.2　对情感化设计的理解

在物质不断丰富和技术不断发展的现代社会，人们更需要情感化设计带来的心理慰藉。情感化设计以有趣、生动和活泼的形态结构或使用特点，在紧张繁忙的生活中起到了点缀和调节的作用，缓解了被飞快的生活节奏和巨大压力包围的现代人群的情绪。另外，在日新月异的今天，运用情感化设计将不断涌现出来的新产品、新功能以最简洁和最具亲和力的设计语言表现出来，可大大缓解人们面对高科技新功能产品时产生的紧张情绪。同时，在使用方法和指示识别系统上运用趣味化设计，可以使人们对功能繁多的产品能够正确地操作和使用。

形态的设计不仅是对产品的功能、材料、构造、工艺、形态、色彩、表面装饰等因素从经济、技术等方面进行综合处理，还要研究产品制造的可能性、操作使用的可靠性。同时，还要研究造型的象征性，要通过一些符号象征来传达文化内涵、表现创意理念、阐述特定社会的时代感和价值取向。这里的"象征性"包括产品的形态处理、色彩处理，以及与造型效果相关的结构处理、材料效果处理等所形成的象征意义。产品的使用功能已不再是决定形式的唯一标准，还包括心理与情感的功能。

设计强调情感因素，富有"人情味"，以充满情感的语言、形象激发消费者的内在需求。这里的情感包含爱情、亲情、友情及个人的其他心理感受等。由于消费者在生活方式、文化水平、经济条件、兴趣爱好、感情意志、审美情感等方面存在着不同程度的差异，因而消费者心理需要的对象和满足方式又有着复杂多变的一面。

理解情感化设计应从以下两方面入手。

第一，产品本身能激发人们的某种情感体验，特别是那些形式优美或者具有意味、象征含义的设计作品。它们具有显著的类似艺术品的属性——艺术价值，而这些艺术价值在美学中被统称为"审美体验"。如图 6-3 所示的洗手盆，给人以流畅、舒适、愉悦的审美体验。

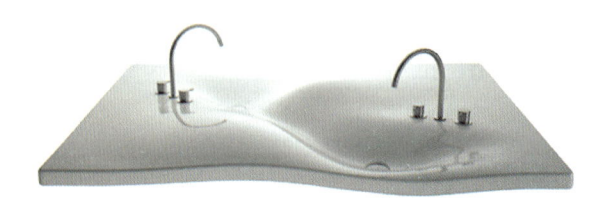

图 6-3　洗手盆

第二，设计的情感化体验不仅在于产品自身所激发的体验，更在于使用物品时，人与物互动中产生的综合性的情感体验，它具有动态、随机、情境性的特点。如图 6-4 所示的奥迪汽车，其动力十足，操控感强，给人以可信赖的心理感受。

图 6-4　奥迪汽车

6.2　产品造型与情感化设计

阿恩海姆在《艺术与视知觉》中曾说："设计形态永远不是对于感性材料的机械复制，而是对现实的一种创造性把握。它把握到的形象是具有丰富想象性、创造性、敏锐性的美的形象，是外部客观事物本身的性质与观看者的本性之间的相互作用。"让受众乐于接受的形态设计正是基于对特定文化的吸收、提炼、抽象后的结果。

6.2.1 产品造型的概念

通常意义上,人们对"形"有广义和狭义的认知。广义上的"形"是指所有与形相关的可视形态的统称;狭义上的"形"是指具体的图形、形状等。从形态学的研究角度出发,形态的内容如图 6-5 所示。

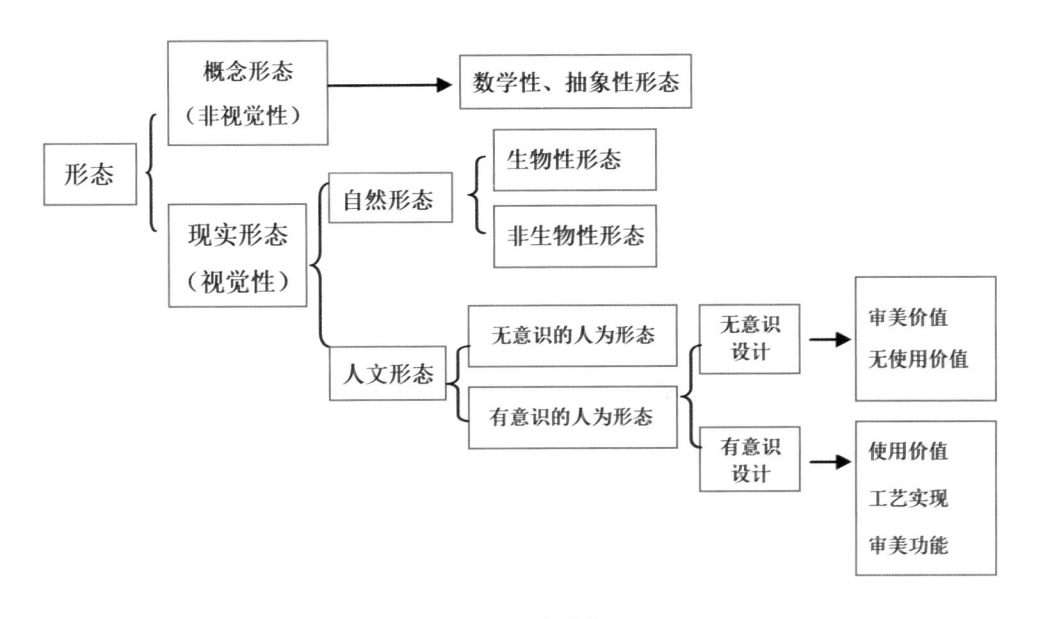

图 6-5 形态的内容

《辞海》中对"形态"的解释为:"形态是指形象的形状和神态"。狭义上的"形态"是指物体的轮廓和体量感,而实际生活中人们所看到的"形态"绝不是只有形状那么简单,它包含了更多的内容。万物的形象之所以能够如此丰富多彩,主要是因为有"态"的存在,"态"具有动的属性,呈现不稳定状态,它因地域、民族、文化、性别的差异而表现不同。

6.2.2 造型与情感

美国著名心理学家唐纳德·A.诺曼在其著作《情感化设计》中曾指出,人脑有三种不同的加工水平:本能的、行为的和反思的。人们对"形"的认识可以理解为一种本能水平上的认知方式,而对"态"则是更高水平的认识——反思水平的认识。与人脑的这三种加工水平相对应,对产品的设计也有三种水平:本能水平的设计、行为水平的设计和反思水平的设计。本能水平的设计主要涉及产品外形的初始效果; 行为水平的设计主要是关于用户使用产品的所有经验;反思水平的设计主要包括产品给人的感觉,它描绘了一个什么形象,告诉人们它拥有什么样的品位。

如图 6-6 所示,这款沙滩车的造型设计是依据仿生设计,将沙滩车设计为沙滩之狼,充分显示出使用者的霸气，充满了生命的活力。这种设计造型准确地表达出这款沙滩车的速度与野性。它的色彩采用黑色，正如一匹黝黑的野狼在金黄的草原上奔跑。这款设计通过外部造型给人们带来视觉的美感和情感的体验，因而是一种本能水平的设计。如图6-7所示为电子宠物鱼MP3设计。当连接MP3或iPod时，电子宠物鱼就会在音乐的海洋中畅游，并且它还带有内置扬声器，可以不通过耳机播放音乐。不仅如此，电子宠物鱼还带有多彩闪烁灯饰，能制造多种音效。即使不连接播放器，当播放音乐给电子宠物鱼听时，它头部和尾部的灯饰也会随着音乐变化闪烁，同时摆动身体。根据音乐种类的不同，它还能做出四种不同的反应。例如，当它听到乡村音乐时，它的摆动就会变得轻柔。摸摸它的头部，还能打开"fish song"。另外，透明质感的材料，也使鱼的可爱造型得到了进一步的表现。这款设计通过用户和产品之间的有趣互动，给人们带来良好的情感体验。从这个角度来讲，该设计偏向于行为水平的设计。

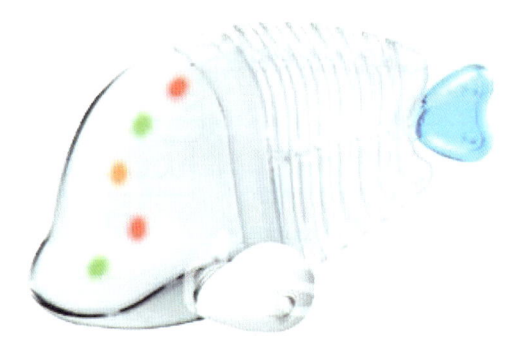

图6-6 沙滩车的造型设计　　　　　图6-7 电子宠物鱼MP3设计

如图6-8所示为pioneer（先锋）公司推出的称作CEATEC JAPAN 2006的车载机器人原型。企鹅形状的机器人在使用时放置在仪表盘上面。由于该机器人配有可以检测驾驶状况的加速度传感器，在嘴的位置装载了使用CCD感光元件的摄像头，所以，当司机平稳驾驶时，它会摇晃以表示开心；当司机没有专心驾驶时，它会打开羽毛，表示生气；当遇到危险的状况时，它会表现出害怕的样子。总之，它可以表达出各种各样的情感。这是一款可以帮助司机安全驾驶的独一无二的机器人。这款设计以现代最新技术为基础，从人的情感需求出发，是情感化设计的经典之作。

　　形态所承载的信息影响受众的情绪、丰富受众的情感，因此对于个体而言不同的形态必定有一套特定的意义系统。虽然情感是一种个体化的心理感受，但人作为个体存活于群体之中，所使用的符号系统是由社会群体共同约定而成的，因此虽然同一形态对于不同个体所引起的情感体验可能存在差异，但是这一形态所反映的社会意义则是不以个体的意志为转移的。

　　艺术与设计本质的区别在于，艺术在大多数时候都是从创作者本体出发的，是自我的；而设计的本质在于服务大众，它是一门研究受众心理的艺术，目的是服务大众。但从受众对形态感受这个出发点上来看，两者又是相通的。在康德看来，"只要是属于美术类的视觉艺术，最主要的一环就是图样的造型，因为造型能够给人带来愉快的形状并以此来奠定趣味的基础"。而产品脱离了纯粹的满足功能需求之后的形态设计，则可以被看成一种类美术的视觉设计。

因为它的设计出发点是让产品具有更丰富的情感内涵。因此，设计师在设计产品前，应该事先分析产品目标用户的文化背景，以及用户对形态的喜好和禁忌。

虽然区域文化会影响人们对形态的喜好，但总的来说，一些特定的审美趣味在世界范围内是相通的。体态饱满、圆润、优雅，以及具有自然秩序美感的形态容易使人产生愉悦的情感。而那些纤细瘦小、不自然、混乱的形态则容易给人带来不愉快的感受。如图6-9所示，当数码产品以"轻""薄""小"作为自己与众不同的销售卖点而大力宣传时，苹果公司推出了新的便携式音乐播放终端产品iPod。它以其超乎寻常的"大体积""高价位"赢得了消费者的青睐。除去产品本身的优良品质之外，它在消费者心目中占重要地位的另外一个关键因素是iPod的大体积带来的展示功能及其连带的符号指向意义。苹果的产品针对的消费群体都是各种专业工作者和社会的精英阶层，因此，其品牌具有明显的标识作用。对于普通消费者来说，苹果的产品象征着专业、高品位的生活。消费者这种微妙的心理蕴含着对精英阶层的向往，认为拥有它是一种身份的象征。

图6-8　车载机器人原型　　　　　　　　图6-9　iPod音乐播放器

6.2.3　情感体验的心理机制

情感化设计可以运用设计的形式及符号语言激发人们的情感，促使人们在存在需求的情况下产生购买行为，或者激发他们的潜在需求，产生购买意向。

何种形态的产品能带给人们良好的情感体验一直是设计师关心的问题。古代艺术设计的形态常常是自然物的借用或变形，属于具象形态；而现代设计的形态趋于抽象、简化，设计师常使用抽象的点、线、面、体来塑造形体。这些形态之所以能赋予人某种情感体验，其心理机制体现于以下三个层次。

第一个层次，形态自身的要素及这些要素组合形成的结构能直接作用于人的感官而引起人们相应的情绪，同时伴随着相应的情感体验。

第二个层次，形态的要素使人们无意识或有意识地联想到具有某种关联的情境或物品，并由于对这些联想事物的态度而产生连带的情感。直接作用于感官引起的情绪与联想激发的情感体验往往相伴而生，是一种较为自动的、本能的心理效应。

第三个层次，消费者通过对形态象征意义的理解而体验相应的情感，这是最高层次的情感激发与体验。

综上所述，形态产生的情感体验是通过组成形态的各个要素（形、色、材质等）整体作用而发生效果的，很难区分其中任何单一要素带来的情感，这些要素始终相互作用、相互依赖。

6.2.4 造型要素的情感体验

孤立、独置的点、线、面本身难以激发人们强烈的情感体验。康定斯基认为"世界上所有的形态都是由相同的一些基本要素所组成的，这些基本要素就是点、线、面。形态给人的感受是物象的外形，而构成物象外形的是点、线、面的作用"。不同的点、线、面的组合给人以不同的感受，下面研究的是形的基本要素的情感体验。

1. 点

点是既有位置又有形态的视觉单位，它可以根据造型的需要自由扩大变形，成为独立存在的要素。一般情况下，人们认为点是小的、圆的，但作为造型要素的点，其表现形式无限多样，可能是圆的、方的，还可能是不规则的，因此，点的情感基调很难一概而论，其大小、形态会根据不同的情况发生变化。

设计中，点常是设计的关键所在，起到画龙点睛的作用，如产品造型设计中的按键等小部件的设计，室内墙面上的一盏设计巧妙的壁灯，或者简洁服装上的一点饰品等。这些点在风格既定的整体造型中起到了重要的作用。并且，作为点，当它与整体风格不一致时也不一定会影响整体的协调，却能对那些陷入视觉疲乏的人们产生振奋和激发作用，如图 6-10 和图 6-11 所示。

图 6-10　按键设计　　　　图 6-11　墙面装饰

2. 线

线是点运动的轨迹，作为造型元素的线，它的粗细也是与面相比较而言的。康定斯基认为有三类典型直线：水平线、垂直线和对角线。直线形态中最单纯的是水平线，水平线常使人联想到站立的地平面，因此康定斯基认为它是具有冷感的基线，寒冷和平坦是它的基调。如图 6-12 所示，冰箱设计中所运用的水平线的造型给人以理智、淡然的冷感。垂直线与水平线是完全对立的线，康定斯基认为它是表示暖的无限运动的最简洁形态。垂直线挺拔、高扬，除了给人以相对温暖、简洁的感觉之外，还给人以生长、生命力的情感体验。如图 6-13 所示，抽油烟机中的直线条造型让人感受到了挺拔、高扬的姿态。除了以上两种直线外，第三种典型直线是对角线，它是表示包括寒与暖的无限运动的最简洁形态。与对角线相比，其他那些任意的、非典型的直线的冷与暖无法达到均衡。

图 6-12　冰箱设计中的水平线　　　　图 6-13　抽油烟机的直线条

折线也由于所含角度的区别带有冷、暖的情绪。形成直角的折线是冷感最强的折线，并且也最为稳定，表现出一种自制和理性；锐角的折线最紧张，并且也是最温暖的角，表现出积极和主动；超过直角的折线，随着其角度的增大，向前推进的紧张程度逐渐缓和而趋向平稳、安逸，并伴随着一种慵懒、被动，以及一种走向结束的不满与踌躇。

例如，靠背椅中的折叠线条代表了不同角度的折线的情感。折叠椅中的最大角度或近乎水平线的折线使人感觉舒适安逸、温暖闲散；而折叠椅中的折线越接近直角，则越让人感觉紧张。当椅背与椅座接近直角时，人的姿态就是正襟危坐，给人的感觉是紧张而节制。中国传统木座椅就采用这种接近直角的靠背，反映了中国传统文化中恪守礼仪、尊卑有序的思想。

曲线是直线不断承受一定比率的来自侧面的力，偏离了直线的轨迹而形成的。压力越大，偏离的幅度越大，也就是一般所说的曲率越大。曲线具有不同程度的封闭自身、形成圆的倾向。中国有句俗语"宁折不弯"，从形的方面来说，曲线不像折线那样锋利，弧线包含着忍耐与城府，给人隐忍、含蓄、暧昧的感觉。另外，弧线倾向于圆满的势，又代表了一种成熟和包容的态度，如康定斯基所说的弧里隐藏着十分自觉而又成熟的能量。如图 6-14 所示的灯饰，其柔和的波浪形曲线给人以柔和、变化、圆满之感。由于曲线所带来的含蓄、温和、成熟和隐忍的情感特质，使之带有一种女性的气质，因此，女性产品的设计中常用到各种曲线。如图 6-15 所示的肥皂盒设计采用曲线造型，使人感受到柔和、含蓄之美，因而受到女性用户的喜爱。

图 6-14　灯饰　　　　　　　　　　　　　图 6-15　肥皂盒设计

3. 面

点的集合及线的运动形成了平面，线常作为面的界限来定义面的存在。人的视觉类似于照相机，因此，能映入人们眼帘的都是面。基本的几何面可以分为三角形、圆形和矩形三类，其他几何面都是在这三类面的基础上派生出来的。

矩形是由两组垂直线和两组水平线组成的，形的两组边存在相互节制的属性，水平两边给人以寒冷、节制的感觉，而垂直两边则显得温暖、紧张，动感十足。如果将组成矩形的四条线区分开来说，那么两组水平线可以称为"上"与"下"，两组垂直线则称为"左"和"右"。如果"上"的作用强于"下"（如更粗、更重、更长等），那么图形给人的感觉比较轻松、稀薄，失去了承受重量的能力；反之，如果"下"的力量超出"上"的力量，那么会产生稠密感、重量感和束缚感。向上发散的设计往往带给人一种蓬勃的生命力，如绽放的花朵、茂盛的树林；而向下发散的设计却使人感觉稠密、稳定，富有重量感，如同植物的根系。左右力量的不均衡可能产生强烈的运动感，或者向左，或者向右。康定斯基认为，左强于右则象征着朝向远方的运动，象征冒险的旅程；反之，则是一种寻求束缚的回家的运动，这种运动的目的似乎是为了休息。正方形具有相同的力的均衡形式，因此其寒冷感与温暖感保持着相对的均衡。计算机设计中的矩形面如图 6-16 所示。

图 6-16　计算机设计中的矩形面

三角形可视为一条直线两次折叠而成，或者由矩形切割形成，它是平面中最简洁、最稳定的几何图形，也最具有方向性。中国古代的器具"鼎"就采用了三角形这样的结构来象征政权稳定。正三角形可以视为"上强于下"的矩形的一种极端的表现，其稳定性达到了最大。一旦将三角形倒置，就是上强于下的极端，会产生极度的稀薄感和不稳定性。而如果三角形倾斜起来，那么一方面会受到重力的作用而倾向形成"下强于上"的稳定形式，另一方面非正对称的两边会分别对定点产生拉力，使它显出左右移动的动势。

三角形和矩形都属于直线几何面，它们之间的叠加、切割会产生各种多角形。这些多角形都从属或包含在前面的基本几何面内，虽然多角形比基本几何面复杂，但其激发情感的规律与前面所述基本类似。

在平面图形中，内部最静止的是圆，因为它是闭合的弧线，也是多角形的钝角不断增加直至消失得到的图形。圆很单纯，也很复杂。中华民族特别钟爱"圆"，认为它象征团圆、圆满。所谓"外圆内方"就是最典型的中国式人格的体现，它代表一种成熟的为人处世态度。毕达哥拉斯学派曾经指出，平面图形中最美的是圆形，立体图形中最美的是球体，因为它们完整无缺，是最整体的形式。

4. 体

最常见的体是由面围合而成的体，分为几何体和非几何体。几何体的基本形式包括长方体（包含正方体）、圆柱体和球体，其他的几何体都是在这几种基本几何体上通过组合、切割、变形而形成的。

非几何体包含两大类，一类是具象的体，另一类是抽象的自由形体。具象的体多是对自然的模仿和变形，它们带给人们的情感体验与所模仿的对象带给人们的情感体验密切相关。整个艺术设计史中模仿自然形态的例子数不胜数，不论是陶器、瓷器还是装饰纹样，最初基本上都来自对自然直接或间接的模仿。现代设计将对自然物的模仿发展成为仿生学，这里模仿的内容不仅包含具象形式的模仿，还包含对结构、内在生命机制的模仿。对于设计来说，在仿生学中最主要的运用就是对产品形态的仿生设计。例如，现代玩具设计中常常使用具象的形态，如图6-17所示的现代儿童坐具，就是模仿自然界中小动物的形态，其造型憨态可掬，从而满足了孩子们的天真、好奇，对自然事物充满兴趣的心理需求。

图6-17　现代儿童坐具

在设计中运用抽象形体是随着现代主义风格的发展而逐渐发展起来的。最初，现代主义设计师将标准的、对称的、简洁的、抽象的几何形作为最符合时代精神的美学原则。例如，维科·马吉斯特莱迪设计的 ATOLLO 台灯（1977 年，见图 6-18），它采用纯粹的抽象几何形，由三个立体几何形式——圆柱体、圆锥体、半球构成，其造型精确而富有逻辑，具有技术美学的典型特征。但此类设计呆板、单调、冰冷而缺乏人情味，曲高和寡，不能满足一般大众的需要，违背了现代主义设计先驱们"为大众设计"的最初理念。一方面，回到传统的、对自然模仿的具象形也无法满足当今时代精神的需要，以及大批量、标准化生产的需要；另一方面，新技术、新材料（如塑料、层压板材）、新工艺的出现使得一些更加自由的、流畅的、灵活的、富有人情味的抽象形成为可能。这两方面就决定了一种综合的"形"会同时得到设计师与消费者的青睐，那就是在几何体的基础上采用更加有机、柔性、流畅的形式。这样的形体既具有几何体的自然、简洁的特点，又具有圆润的边缘、流畅的线条，因而给人们带来自由、灵活与亲切等更为丰富的情感体验。如图 6-19 所示的个性座椅的设计中，其造型外框架采用了几何体的形态，而座位的支撑部分采用了有机的自然的形态，这种组合方式使得座椅兼顾简洁、稳固、自然、灵活的特点。

图 6-18　ATOLLO 台灯　　　　图 6-19　个性座椅

最极端的抽象自由形体能够体现未来感、科技感，因此设计师在进行概念设计时常喜欢使用这样的形体，而不考虑加工生产及成本的限制。最有代表性的设计师是德国设计师科拉尼，他是一位略显离经叛道的设计师，他设计的形来自对自然物的抽象，自由得近乎无拘无束。他说："世界上没有直线，所有的物体都是曲线的。"此种方式下获得的形视觉冲击力极大，使人感觉刺激、兴奋。比如他设计的凳子，采用完全抽象的自由形体，没有一根直线，极富流动感。

6.3　材料与情感化设计

《考工记》中对器物能否成为良品的条件是这样定义的："天有时，地有气，材有美，工有巧。和此四者，然后可以为良。"当今时代，技术的发展、结构的优化、材料的创新，为设计新产品奠定了一个良好的基础。无论是在古代还是现代，材料对于一个产品的品质都有着决定性的影响，它关乎产品的质量、加工的工艺、安全性及产品的价格。

6.3.1 材料的象征意义

在科技没有发展到可以人工合成材料之前，大部分的材料都直接取自自然。在交通运输不发达的年代，因地取材是节约成本的最高准则。那些名贵优质的"良材"是产品质量的代名词。在科技不发达的古代（即使是现代），优良的材料具有明显的地标性，它们往往能成为地区的象征，成为身份的符号。

在古代，材料的象征作用被用于维护皇权君威。礼制作为古代至高无上的官方等级规范，对各种场合使用的不同器物的材料、纹样都有明确的规定。有人因为擅自使用名贵鸟的冠羽而引来杀身之祸，其原因正是所选的材料触犯了它所象征的统治阶层的威严。

由此可以看出，特殊材料其实是被符号化了的概念。它所代表的不仅仅是一种材料名称，还连带着一个复杂的意义体系。在南美丛林中依然存在原始部落，部落中各种特定的羽毛所支撑的冠冕则象征着不同的身份和地位。有句俗语叫"物以稀为贵"，稀缺的物品在任何时候都显得特别珍贵。尤其是在物质相对匮乏的年代，美材良品则更为珍贵。黄金、白银因为它们特有的金属品质——稀缺而不易被销毁破坏，几乎从被发现开始就被作为财富的象征。玉作为一种特殊的材料，在中国文化中扮演着重要的角色。汉代许慎在《说文解字》中对玉的解释是："玉，石之美也。"玉材因为它所具有的天然特征而被人们赋予了各种特殊的含义。孔子阐明玉有十一德，即仁、义、礼、知、信、乐、衷、天、地、道、德。这些品德是根据玉材相应的各种特征来隐寓君子的品质。儒家思想将美玉的十一德作为规范君子品德的标准。于是，君子佩玉不是为了装扮自己，而是为了规范自己的言行，操守儒家"君子比德于玉"的信条。

从古至今人们赋予了玉石太多的象征意义，玉也成了能够代表中国传统文化的一种材料。如图6-20所示，2008年奥运会奖牌的设计是中华文明与奥林匹克精神在北京奥运会形象景观工程中的一次"中西合璧"。

图6-20　2008年奥运会奖牌正面与反面

6.3.2 材料的自然情结

在原始时代，人类生活的环境是由自然的资源构建起来的。他们直接居住在天然的洞穴或者用树枝、稻草搭建成的简陋居所中，用动物的遗骨做成各种配饰品，用石片打磨成刀、斧、铲等生活用具。总而言之，他们生活中出现的和使用的都是自然材料。随着科技文明的发展，越来越多由新材料制造而成的器物出现在人们的社会生活中。但人们生活周围的大多数材料还是由可感知的自然材料加工而成的。当科技发展到近代，人工合成物的出现，彻底断裂了人与自然之间的关系，一切仿佛都可以是"人造"的。人与自然之间相依相随的关系被卡断，于是，"迷失"成为当代的主旋律。自然材料所提供的深层情感体验越来越受到现代学者和设计师的关注与反思，它反映的是受众的一种向往自然的特殊情节。

自然材料，从其可感知的自然特性来讲，它使人从心理上感觉到自我是自然的一部分。从视知觉心理学的角度可知，自然材料的表面肌理特征不容易使人感觉到视觉疲劳，因为人们对有序的纹理有天生的敏感。人造材料的纹理是机械加工的结果，其展现出来的是一种机械的视觉特征，因而容易造成视觉上的审美疲劳。从人情感思维的角度来看，自然材料是感性的、有生命的材料。自然材料无序和随机的纹理则给人一种平和的心理感受。自然材料经过时间积淀之后往往会显得更加朴实素雅、凝重隽永。丹麦雕塑家宙弗德森有句名言："黏土代表生命，石膏代表死亡，大理石代表起死回生。"这句话可以反映出自然材料与人造材料给人不同情感体验的本质区别。自然材料表面的特殊纹理给人提供了一个无限想象的空间。在情感上，不同个体会为这些纹理赋予不同的意义，这种情感交流更容易使人产生一种安全感。

从整个人类文明的发展史中可以看到，人们从未停止过对自然材料的模仿，无论是从结构上、肌理上还是质感上。由自然材料制成的各种产品长盛不衰也可以反映出人们的自然情结。自然材料除了提供视觉上的舒适感以外，还满足了人们在心理上对自然的向往之情。如图 6-21 所示，此板凳上部使用的材料是由动物皮的边角料经剪碎处理后得到的。此材料散乱地布置在凳子表面，散发出一种朴实、温馨的感觉。

北欧国家因其特别的地理位置，由此衍生的设计文化十分注重天然材料（木材、皮革、藤条等）的使用。如图 6-22 所示为水曲柳茶几，它是来自北欧的实木家具，使用的材料是天然水曲柳。这款实木茶几没有任何不必要的装饰，完全依靠实木本身的拼接制作而成。这样的制作方式更加突出了水曲柳的纹理特征。美观的纹理、柔和的色泽，透过厚重沉稳的造型给人以温馨、踏实的心理感受。这与北欧的自然气候形成鲜明的对比，在心理上形成一种温暖的精神依靠。

人们对自然材料的认可与喜爱是设计上感性回归的征兆，是人们对在设计生活中过多强调理性的一种抗争。它所体现的是人们深层次的心理情感需求。

图 6-21　板凳　　　　　　　　　　图 6-22　水曲柳茶几

6.3.3　材料的情感体验

  人是活在"经验"之中的，"经验"代表愉悦的或是厌恶的情感。材料作为现实生活中的物质构成，在各个层面触及我们的感官和"经验"。质感是反映物质属性的物理特征，通常通过视觉和触觉来体现，与物体的形态相比，在一定的视觉空间内它更容易引起人的情感反应。人们凭借以往的生存经验，通过视觉和触觉及其他感官所接收的各种信息，对事物进行类比、分类。不同的触觉、味觉、视觉及其他感官体验构成了对某种材料的认知，并用一套与之有关的符号系统对其进行标识。

  石头、木头、树皮等自然材料会使人产生一种朴实、自然、典雅的感觉；而钻石、珠宝、动物皮毛等相对稀有的自然材料，则使人产生一种高贵、精致、奢华的感觉。同样是自然材料，它们带给人的体验感受却完全不同，而这些不同的体验感受的成因是多方面的。

  材料所体现的质感是多方面因素相互作用的结果。它关系到材料本身的物理特性（如构成部分、结构肌理）和环境条件（如光线、背景材料）等因素。除此之外，材料所体现的社会文化特征具有较强的暗示性因素。对于特定的材料，人们用相应的符号系统对其进行标识，这些描述材料特性的符号系统在人们的脑海中根深蒂固。人们的思维对外部世界有一套完善的"预先匹配"的系统，一旦预期的材料出现，"预先匹配"系统便自动启动。材料感知的过程是一个伴随整个经验符号和意义符号启动的过程。如果材料的匹配成功，就产生了与之相对应的感觉与情感。

  从认知心理学的角度来说，感觉来自对以往的感官体验所带来的质感"经验"的自然反应。每一种自然材料都具有其独有的"细部"让它与别的材料区别开来。同时，这些不同的细节又按照一种难以捉摸的秩序感排列起来。与人工机械制造的有序的、精密的纹理不同的是，自然材料表面的肌理纹样往往是由不可预知的但又彼此相类似的纹样图案构成的，而且这些图案相互之间又具有一定的关联性，人们通常称这种图样特性为"多样统一性"。通常情况下，与钻石、动物皮毛之类材料的纹样肌理相比，石头、木纹和树皮的纹样肌理更为常见而被人们所熟悉。此类材料以一种混乱的秩序构成了自然环境的基础，它们带给人熟悉、亲切的感觉；钻石、动物皮毛等相对稀有的材料有其独特和独立的特质，在知觉上更容易引起关注，它们带给人稀有、高贵的感受。

与纯粹的自然材料相对应的是人工材料和半人工材料。人工材料（或称人造材料）指的是在非自然条件下通过物理或化学的手段，改造或提取自然材料的构成部分，依据人们的需求而合成的材料。它们的结构和肌理通常具有高度理性和高度秩序感。从情感上来说，这些材料是高度理性的、严谨的、精密的。例如，玻璃、钢铁、塑料等材料具有强烈的现代气息。从材料的质感上来说，这些材料显现的表面特征或者经过加工后呈现的表面肌理等视觉特征，往往体现了现代有序的特点。

20世纪的后半叶，新的合成材料层出不穷。合成玻璃、新金属合金、木材派生材料等新材料被应用到了产品中。特别是包括纳米材料、生物材料等在内的智能材料被应用到产品中来解决实际的问题，如耐高温同时又能保持刚性和电绝缘性的新材料的应用，可以在某个角度偏转某段波长的光线又可以防紫外线的新材料的应用等。

弹性材料是科技发展到一定程度的产物，大多数弹性材料是化学合成物。弹性材料的特性相对温和，尤其适合运用到以人性化为核心的产品设计中，它可以帮助产品增强亲和力和生命力。如图6-23所示，荷兰福莱克斯创意公司利用橡胶的弹性设计了电线捆绑装置，它不但可以帮助人们整理散乱的电线，同时，由于具有鲜艳的色彩也使其成了工作角落里的装饰品。如图6-24所示的双侧摇椅"Blo-Voids"，它的造型用铝材吹制而成，并和编织成的铝织物焊接起来。镜面抛光后的铝材经过了一系列色彩处理后显得光怪陆离，给人以神秘莫测的情感体验。

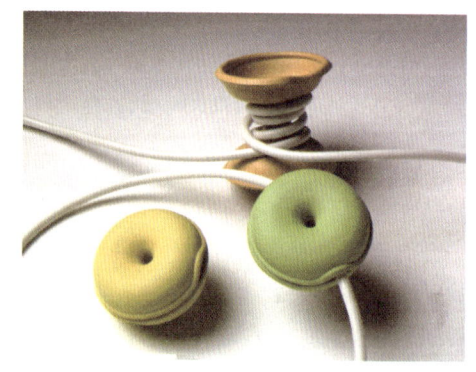

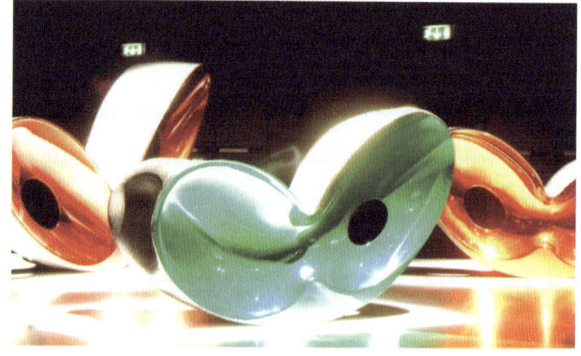

图6-23 电线捆绑装置　　　　图6-24 双侧摇椅"Blo-Voids"

6.3.4 不同材料的心理特征

各种不同的材料制成了生活中的产品，比如，柔软而舒适的布艺沙发、晶莹剔透的水晶玻璃杯。人们可以感受到材料的不同质感并由此体验不同的情感。材料美来自它精美的纹理图样、表面的色彩及光泽等，通过情感联想使人产生许多不同的心理感觉。例如，木材朴实、自然、典雅，总会使人联想到一些古典的东西；玻璃、钢铁、塑料等体现出强烈的现代气息，设计师往往利用材料的这些特性赋予产品更多的内涵与意义。

1. 材料的美的特性

材料在展示其设计的实用功能的同时，还给人们提供了其他心理方面的功能，给人以心灵震撼和情感联想。主要包括以下几个方面。

（1）材料的真实美

没有经过刻意加工的材料，不会显得矫揉造作，它真实地记载了工艺的自然流程，表达了材料的本性。在社会鉴赏力不断提高的今天，产品的美学观不仅仅局限于大工业时代整齐划一的工业美学，更能够体现出材料自然真实的本质美。如图 6-25 所示，这两款产品的材质都是来自自然的纯天然材料，产品由此而散发出一种朴实、恬淡之美。

图 6-25　材料的美感

（2）材料的生命感

大自然是最伟大的设计师，在它支配下的世界充满一种自然生命的美。现代设计师常在工业产品中融入材料的生命感，使生命的神秘性和多样性能够在产品中得以延续，使人产生强烈的情感共鸣。

（3）材料的工艺美

现代新材料工艺的形成给材料带来很多的改变。其中最大的改变是使材料的形态肌理呈现多样化。现代新材料的美感来源于材料加工时细致精湛的工艺。如图 6-26 所示的产品由于运用了新工艺，产品的表面色彩呈现纯度高、细腻的特点，使人感受到产品的精致。

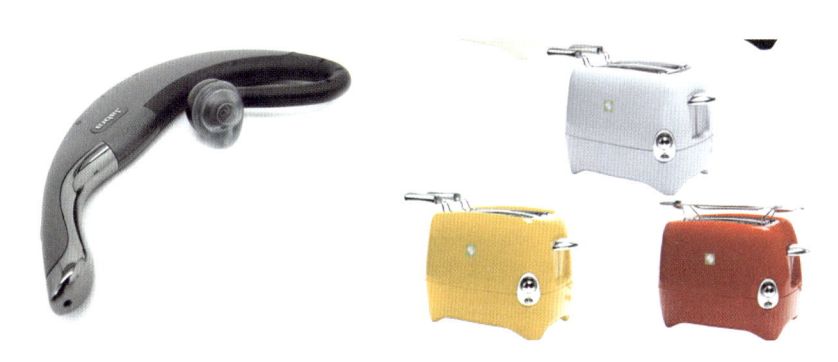

图 6-26　体现工艺美的产品

（4）材料的亲和力

设计师通过对材料的用心选择、色彩的精心搭配和功能的合理配置表现一种对人性的关怀。材料的恰当使用改变了钢铁带来的冰冷、人造材料的单调生硬的状态，使它们更加令人亲近。这使得人们减少了压抑感，增加了生活的乐趣。

2. 不同材料的情感特征

（1）金属

金属是一种具有光泽（即对可见光强烈反射），富有延展性，容易导电、导热的物质。在自然界中，绝大多数金属以化合态存在，少数金属以游离态存在。金属矿物多数是氧化物及硫化物，其他存在形式有氯化物、硫酸盐、碳酸盐及硅酸盐。金属间的联结可以随意更换位置并可重新建立联结，这决定了金属具有良好的延展性。

为了更合理地使用金属材料，充分发挥其作用，必须掌握各种金属材料制成的零件、构件在正常工作情况下应具备的使用性能及其在冷热加工过程中材料应具备的工艺性能。金属材料的使用性能包括物理性能（如比重、熔点、导电性、导热性、热膨胀性、磁性等）和化学性能（如耐腐蚀性、抗氧化性）。

金属材质特有的质感能给人以重量、沉稳、能量、个性的印象，而贵重的稀有金属能给人奢华的感受。金属质感的冰冷感和简单线条相结合，无论是质感还是视觉效果都可以体现设计师的独特创新，符合现代设计所崇尚的简约风格。如图 6-27 所示的几款产品，其金属材料的使用使其具有现代、时尚、个性的特质。

图 6-27 金属产品

（2）陶瓷、玻璃

陶瓷是陶器和瓷器的总称。中国人早在约公元前 8000—2000 年（新石器时代）就发明了陶器。陶瓷材料大多是氧化物、氮化物、硼化物和碳化物等。常见的陶瓷材料有黏土、氧化铝、高岭土等。陶瓷材料一般硬度较高，但可塑性较差。它大多应用在食器、装饰品等产品上。

陶瓷材料创造自由、易于发挥个性，现代陶瓷设计突破了原有的技术规范，扬弃了传统陶瓷精致、规整、对称的古典审美趣味，向着随意自由、更富想象力、更具人文精神的方向发展。陶瓷材料作为物质载体成为现代人的精神寓所。如图 6-28 所示的陶瓷系列制品，它们形态自然、颜色淡雅，给人以安静避世的情感体验。

图 6-28　陶瓷系列制品

玻璃是一种较为透明的固体物质。它是由熔融时的连续网络结构在冷却过程中黏度逐渐增大并硬化后形成的。玻璃属于不结晶的硅酸盐类非金属材料。

玻璃生产工艺主要包括：①原料预加工。将块状原料（石英砂、纯碱、石灰石、长石等）粉碎，使潮湿原料干燥，将含铁原料进行除铁处理，以保证玻璃质量。②配合料制备。③熔制。玻璃配合料在池窑或坩埚窑内进行高温（1550~1600℃）加热，使之形成均匀、无气泡并符合成型要求的液态玻璃。④成型。将液态玻璃加工成所要求形状的制品，如平板、各种器皿等。⑤热处理。通过退火、淬火等工艺，消除或生成玻璃内部的应力、分相或晶化，以及改变玻璃的结构状态。

玻璃的特性决定了它能够被施以多种加工方法，形成丰富的造型形态，是设计师理想的设计材料。由于玻璃本身就带有一定的艺术观赏性，所以越来越多的家居用品都用到玻璃这种材料。其别具一格的造型、精巧玲珑的风格，给现代居室注入了意想不到的装饰效果，使人产生心灵上的共鸣。如图 6-29 所示的各种玻璃瓶，其造型各异，与其他材料、色彩相配合，更能体现出晶莹剔透的美感。

图 6-29　各种玻璃瓶

（3）塑料

塑料是以单体为原料，通过加聚或缩聚反应聚合而成的高分子化合物。其抗形变能力中等，介于纤维和橡胶之间，由合成树脂及填料、增塑剂、稳定剂、润滑剂、色料等添加剂组成。塑料主要有以下特性：①大多数塑料质轻，化学性稳定，不易锈蚀；②耐冲击性好；③具有较好的透明性和耐磨耗性；④绝缘性好，导热性低；⑤一般成型性、着色性好，加工成本低；⑥大部分塑料耐热性差，热膨胀率大，易燃烧；⑦尺寸稳定性差，容易变形；⑧多数塑料耐低温性差，低温下变脆；⑨容易老化；⑩某些塑料易溶于溶剂。

与其他材料相比，塑料具有如下的优势特性：①耐化学侵蚀；②具光泽，部分透明或半透明；③大部分为良好绝缘体；④质量轻且坚固；⑤加工容易，可大量生产，价格便宜；⑥用途广泛，效用多，容易着色，部分耐高温。

塑料分为泛用性塑料及工程塑料，主要由用途的广泛性来界定，如PE、PP价格便宜，适用于一般的生活产品。工程塑料价格较昂贵，但原料稳定性及物理特性较好。塑料广泛应用于各类产品，给人们的生活带来了方便（见图6-30）。

图6-30 塑料制品

（4）木材

木材是能够次级生长的植物（如乔木和灌木）所形成的木质化组织。这些植物在初生生长结束后，根茎中的维管形成层开始活动，向外发展出韧皮，向内发展出木材。木材显现出不加修饰的本色、独一无二的纹理，包含偶尔的天然疤结，这些都满足了人们对自然的渴望和对温暖的追寻。

不同的木材给人们带来不同的心理感受。如枫树，自古以来人们对枫树的赞美就从未停止过，"停车坐爱枫林晚，霜叶红于二月花"，有太多的文人墨客被它感动，加拿大人甚至将枫叶用于国徽中。枫树不仅具有美丽的外表，还具有良好的实用性能。由于其颜色协调统一，常用于制作精细木家具、高档地板等。

关于柏树，在希腊神话里有这样一个故事。一个少年在一次狩猎时误将神鹿射死，他悲痛欲绝，爱神将少年变成柏树来终身陪伴神鹿，于是柏树成了长寿不朽的象征。柏树有淡淡的香味，可以安神补心，木材可供建筑、造船、制家具等。

人们都说松树是永不言败的树。它的根扎得很深，不怕风吹雨打，也不怕烈日的晒烤，它四季常青。松木保持天然本色，纹理清楚、朴实大方。白桦树耐严寒，有着傲霜斗雪的风骨及顽强不屈的性格。它结构细致、力学强度高、富有弹性，可供制作器具之用。

总之，每种木材都有独特的纹理、温和的色彩和天然的印记，用木材制作家具更富自然美感。由于世上总是没有两棵完全一样的树，因而每件家具都会有它独一无二的特征。木制家具拥有一种质朴超然的内在气质，无论所处环境奢华还是简陋，它都能泰然自若。如图6-31所示的木制家具给人以朴实、自然、大方的美感。

图 6-31　木制家具

（5）其他材料

除了以上常见材料外，还有许多自然材料和人工合成材料。它们在设计中与常用的一些材料相互配合、相互协调，制造出满足人们需求的各类产品。其中布料是一种受人们喜爱的材料。布料也是装饰中常用的材料。按照原材料划分，布料可以分为棉布、化纤布、麻布、毛纺布、丝绸及混纺织物等。

由于视觉的对比特性，当软体布艺表面材料和背景材料的肌理、质感不同时，会造成尺度上不同的感觉。在光滑背景前，如果布艺表面很光滑，会给人以尺度放大的感觉；如果与背景相比布艺表面粗糙，则在尺度上就会有缩小的感觉。布艺材料的纹理不同，会产生不同的方向性。不同方向的布置会产生不同的方向感，水平布置会显得布艺表面向水平方向延伸，垂直布置则向高度方向延伸。

布艺即指布上的艺术，布艺在现代家庭中越来越受到人们的青睐。布艺作为软饰在家居中更独具魅力，它柔化了室内空间生硬的线条，赋予居室一种温馨的格调，或清新自然，或典雅华丽，或情调浪漫。布质家具因其柔和的质感，易于清洗，也得到人们的广泛认可。另外，布材常与藤材或纸纤搭配运用，制造出丰富多变的产品。

6.4 使用与情感化设计

使用与情感体验本身是二位一体、相互关联、互为因果的。产品的可用性涉及人的主观满意度及带给人们的愉悦程度，因此它具有主观情感体验的成分。情感的体验是建立在一定目的性的基础上的，用户在产品使用过程中的感受和情感体验也是设计情感的重要组成部分。

6.4.1 情感化使用过程中的三个阶段

如果用户喜欢一款产品，那么一定是此款产品在使用过程中给用户带来了愉悦的心情。用户不会抗拒他喜欢的产品，朱利安·布朗曾经说过："好的设计和差的设计的差别，就像一个好故事和一个差故事，好的故事是你听再多遍也不厌其烦，但差的故事，你一点也不想听。"从情感方面，在产品的使用过程中有以下三个阶段。

1. 良好的易用性

一件好的产品必须是易于使用的。通常情况下，用户对于产品使用性的学习往往并没有太多的耐心。能够快速让使用者了解产品的使用方式才能得到用户的认可。产品良好的易用性需要设计师针对不同使用人群进行细分，真正了解用户的需要，并结合符号学、语义学、美学等方面的知识进行设计。只有这样才能使设计出的产品更容易使用。

2. 连续的反馈性

连续的反馈性也是好的设计所必需的，它是产品与用户之间所进行的互动交流。用户一步步地使用产品，产品及时地给予用户适当的反馈，这会让用户对自己已做的操作行为有着正确的判定，以便下一步的操作。若是反馈不及时，那么用户就会产生疑惑，甚至不能正确地完成整个操作步骤。

3. 激起人的使用乐趣

产品既然被设计出来就是要被人使用的。产品不仅要有美观的外观造型，还要具有实际的使用功能。当产品满足易用性和反馈性之后，让用户使用起来有乐趣就是产品的魅力所在。

6.4.2 情感化设计目标

产品的设计总是针对某一部分人群的设计，不同的消费群体呈现出不同的消费特点和消费心理。也就是说，产品应该满足某一消费群体的心理感受。

1. 不同年龄段消费群体的情感体验

对于个人来说，情感世界不是一成不变的，随着年龄、阅历的增长及环境的变化，人的心理及情感也会随之改变。在人的成长过程中，不同的年龄阶段会有不同的心理和情感。以下是不同年龄阶段的情感体验分析。

（1）儿童时期的情感体验

童年是人生中美好的阶段，孩子在父母的保护下快乐地成长。因此儿童产品基本上都是由父母决定的。所以说，父母对孩子的期望值会直接影响到对产品的喜好。父母会把产品的安全性、益智性放在首位。产品是否安全无伤害，是否会令孩子恐惧，是否有助于开发智力，这都是父母关注的问题。当然，也不能忽视儿童心理的期望。他们充满好奇心，喜欢多彩的颜色，喜欢有朋友一起玩耍的感觉，害怕黑暗、孤独。通常，儿童对产品的认识都是在本能的感知水平上。随着儿童年龄的增长，他们的独立性逐步提高，在消费方面有了自主能力。如图 6-32 所示的儿童产品就是依据儿童所期待的情感体验来设计的。

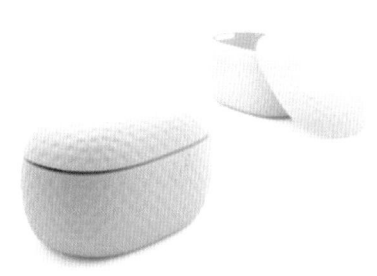

图 6-32　儿童产品

（2）青年时期的情感体验

青年时期人们慢慢融入社会。因为年轻，喜欢追求新鲜的事物，喜欢个性时尚，炫耀欲比较突出，求知欲、创造欲也很强烈，甚至有点叛逆。这个年龄段的产品就要满足青年的个性情感需求，产品不能呆板，要有个性，有新奇的感觉。通常一些新开发的产品都是先被年轻人关注，然后才热销起来的。青年的消费行为在很大程度上影响到了中老年人，从而扩大了产品市场。所以将相同型号的产品设计成不同的颜色及款式，往往会受到欢迎（见图 6-33）。

（3）中老年人的情感体验

随着年龄的增长，中老年人的心态也开始归于平静柔和。由于社会压力、家庭负担，中老年人的消费趋于平稳，甚至自我压抑，不会因为狂热追求时尚而花费许多金钱在新产品上，他们常常是量力而行。作为中老年人群，他们最关心的是家人的健康、家庭的和睦。社会在发展，国民的整体经济水平在提高，现代中老年人的生活心态也在发生变化。他们越来越追求有品质的生活。这种心态反映到产品上，表现为现代的中老年人更容易接受使用方便且能满足其心理情感需求的产品。因此，对美化生活有益，特别是对减轻家务负担有益的产品会很容易被接受，而对健康有益，具有保健功能的产品也会受欢迎（见图6-34）。

图6-33　苹果MP3　　　　　　　图6-34　电子血压仪

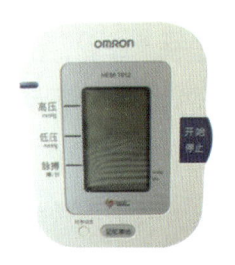

2. 性别差异的情感分析

不同的年龄段有不同的心理，而性别的不同则导致在家庭中、工作中身份的不同，这会影响人们对事情的理解能力、欣赏水平及心理反应。性别的差异反应在生活的各个方面，这主要是受记忆差异、思维差异、情绪差异、个性差异的影响。女性通常具有良好的形象思维能力，天生比较胆小多虑，容易联想。男性通常具有良好的逻辑推理能力，比较理性，天生胆大，富有自信心，好胜心强。

不同性别在家庭中所扮演的角色不同，也表现出了不同的情感喜好。

身为家中的母亲或女儿，她们经常选择对家庭关系有益的产品，这是因为女性天生具有母性，注重母子情意、夫妻关系。她们爱美之心强烈，做事比较仔细，注意细节思考，有较好的色彩感觉。

身为家中的父亲或儿子，他们喜欢为家庭成员做更多的经济投入。由于男性的独立性、社会性，他们比较关注能体现自己社会地位、具有品位的产品。他们通常具有自己的嗜好，喜爱那些能满足自己喜好，并具有收藏性的东西。

通过对比可以看出，不同年龄段、不同性别的人群的心理特征不同，情感世界不同，对于产品的偏爱也不相同。而且由于教育背景、社会文化的熏陶，每个人也会有不同的兴趣爱好、个性特色，这都会影响到对产品情感化的判断，特别是在情感的自我心理反应上的判断。例如，只有明确自己在社会上的位置，才会有展示自我的目标。情感化产品正是在了解不同的情感世界的基础上，有针对性地满足消费者的需求。但是产品是为群体的情感喜好而设计的，所以这就需要分析、探索人群的共同喜好、共同的情感需求。

3. 品牌与情感化设计

产品的个性是产品的设计者所赋予的，它通过产品形态体现企业文化，展现企业的个性。从产品个性之中人们能体会品牌所展示的个性及情感，进而上升到对品牌的喜爱。反过来，对品牌个性的认识，又会影响人们对于该品牌下其他产品的认知。当消费者购买了一个产品后，如果在使用过程中对它很认可，那么自然就会留意起产品的品牌，再看到该品牌下的其他产品时，就会有着同样的认知和情感。正是这种情感的联系在产品个性与品牌个性之间架起了一座桥梁。

品牌是一种识别的标志，也是一种情感化的代表、一种感受符号。对品牌的认识来自深入探索产品背后的故事及产品带给人们的情感体验。公司要适应市场发展，就应该重视品牌的建立，将单一产品的情感扩大到一个品牌中，做足品牌的故事。例如，ALESSI梦工厂的设计拥有着巨大的品牌号召力。这家公司云集了许多优秀的设计师，包括迈克尔·格雷夫斯、亚力桑德罗·芒迪尼、菲利普·斯塔克等。从一只能给人带来快乐的小鸟水壶，到具有拟人化风格的"安娜·吉尔"的瓶起子，再到一切能够给家居生活带来乐趣的马桶刷、海绵架等家具用品（见图6-35），这些都是ALESSI创造的经典设计。它的设计总会让人们体验到生活的乐趣，让人们感受到生活是快乐的。ALESSI设计的家居产品不仅通过产品功能的实现给人们提供了很多便捷，减少了人们做家务的烦恼，更重要的是它在设计上使用的情感化的方法带给了人们情感上的安慰。

图 6-35　ALESSI 的经典设计

6.4.3　情感化设计实现的方法

感官、效能和理解三个层面的情感体验为设计师提供了激发用户情感的三个着眼点，虽然因其信息加工水平不同而存在高低级区别，但将这三个方面作为策略运用于设计则并无高低之别，仅是依不同设计目标所做的恰当选择。

1. 通过感官刺激引起消费者注意

最直接、最易于实现的情感化设计就是刺激人感官的情感化设计，这个层面是属于形态在感官层面上的情感体验。对人们感官的刺激可以通过加强形与形之间的对比度、创造形态的新鲜度和变化等方式实现。

（1）外形和色彩的刺激

设计中直接利用新奇的形态和色彩，以及它们的夸张、对比、变形、超写实的形式来吸引人的注意；利用人的感知，特别是视知觉原理，满足人们最本能的对形态的偏好和情感体验。通常产品的外形使用鲜艳、明亮的色彩及新奇、带装饰性的形态。比如，图6-36所示的以果冻作为参照物设计的一款手机,把扬声器装饰成了花瓣,是一款典型的以形态、颜色激发人们情感的设计。

图 6-36 "花瓣"扬声器

(2)情色刺激

通过设计将产品的特质或性能与性暗示混合在一起,吸引人的注意,并产生愉悦感。这类设计通过煽情的造型语言或画面,能使人们迅速产生兴趣,集中注意力。同时,情色刺激的设计能将由画面产生的愉悦感与对产品的评价混合在一起,使消费者产生通感。

2. 人格化设计

人格化设计是指设计师赋予设计对象与人或其他生物类似的特点,如形态、姿态、表情等。这种设计来自对自然(包括人)的模仿,但它不是一种直接的、具象的模仿。为了突出设计师想要着重表现的那些人格特征,造型设计需要经过精心的加工处理(如抽象和变形、夸张或简化),使设计物呈现的人格特点介于似是而非的状态。有时人格化设计的造型语言非常直白,使人一眼就能看出模拟哪些人格特征;有时则显得较为隐晦,不一定能被人轻易地解读出来。一般而言,过于具象的人格化设计语言不如意象的设计语言那么富有趣味、耐人寻味。

人格化设计是现代设计中最常用的情感化设计方式,它将设计师对于某些人性或生物的生命特征的情感体验转化为意象,并通过特定的形式表示出来。那些具有类似体验的用户能从设计中解读出这种情感,从而引发共鸣。例如,由芬兰阿拉比阿公司制作的"讲故事的鸟"系列水壶是芬兰近年来最畅销的陶瓷制品(见图 6-37)。它运用了形象隐喻为器皿赋予了人格。这组器皿放置在一起就像一个美满的家庭一般其乐融融。每一个水壶的造型都体现了幽默诙谐的情感,使用户体验到家的温暖和甜蜜。

图 6-37 "讲故事的鸟"系列水壶

3. 形态的幽默感

幽默是一种复杂的情感体验，它表现出的有时是愉悦、快感和欢乐；有时是滑稽、荒诞、戏谑、嘲弄；有时则是诙谐和自嘲。生物学认为，幽默是人的一种潜在的本能，产生于人们具有复杂的认识和思维能力之前，是一种维持生理和心理平衡的机能现象。后来，随着人们认识能力和改造自然能力的提高，文明不断发展，它成为一种无功利意义的纯情感行为。即便如此，幽默仍是一种使人轻松，并能缓解人们压力的重要情感体验。

（1）超越常规——意外和夸张

有学者曾研究婴儿的笑，发现最早能引起婴儿笑的刺激有两种，一种是亲人的鬼脸；一种是将他抛起再接住的动作。学者认为这说明中断、偏离和震撼的作用，也就是说被驱出生活常规的经验是幽默的必要属性。由此可见，制造幽默感的原则之一在于意外的出现，幽默不是按照期望的、逻辑的方式运行的。人们将这一观点用于解释艺术设计的造物时，发现某些超出常规的设计方式能使人产生幽默的情感。这种情感使人们暂时性地从自身设定的常态中解放出来，从而感到愉悦。如图 6-38 所示为一款 Joe 沙发。它的造型充满幽默感，它的结构符合人体构造，并隐喻沙发有着接迎和保护的作用。

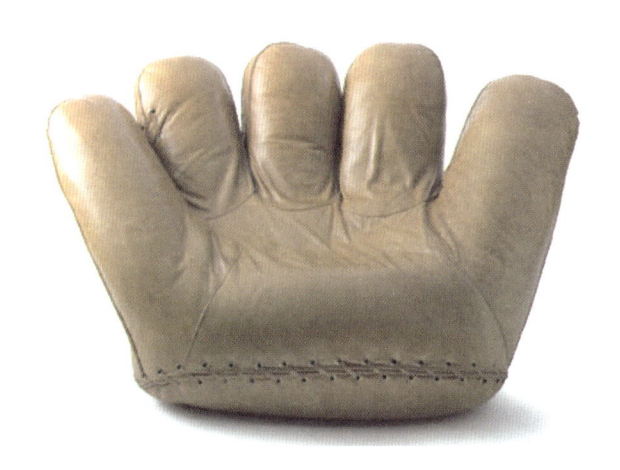

图 6-38 Joe 沙发

（2）童稚化

人们发现孩子更容易发笑，因为他们不像成年人那样饱经世故，所以更容易感到意外和偏离；而成年人则相反，童年的天真烂漫虽然很难重现，不大容易出现超出常规的情绪，而那些表达出童趣的设计却容易突破成年人的常规，从而使他们感觉到幽默可笑。尤其在现代社会的繁重压力之下，人们往往有逃避现实压力的需要，因此出现了一些童稚化的新产品或服务，诸如魔幻影片、网络游戏等。它们在一定程度上是为了满足成年人脱离日常生活轨迹的需要。即使针对青年人的设计，其造型也往往呈现儿童产品的风格。而依据"童稚化"的设计思路设计的产品往往受到人们的喜爱。例如，美国 Apple 公司率先在私人电脑中运用轻松而具童趣的风格（见图 6-39），使这些产品脱离冰冷的商用机器的面貌，从而成为时尚的象征，风靡一时。

图 6-39　Apple 公司 iMac 电脑

（3）荒谬与讽刺

有学者认为幽默来自自我荣耀和优越感，这样产生的幽默似乎更具有嘲讽的意味。英国哲学家霍布斯说："笑是一种突然的荣耀感，产生于自己与别人比较时高人一筹之处。"用幽默表现出来的嘲弄，即使存在恶意，也是委婉的方式。设计中有时利用这种微妙的方式来表达嘲讽的情感。例如，拉迪设计组于 1999 年设计的"睡猫地毯"（见图 6-40），就以一种玩世不恭的态度嘲弄了贵族千篇一律的优越生活。

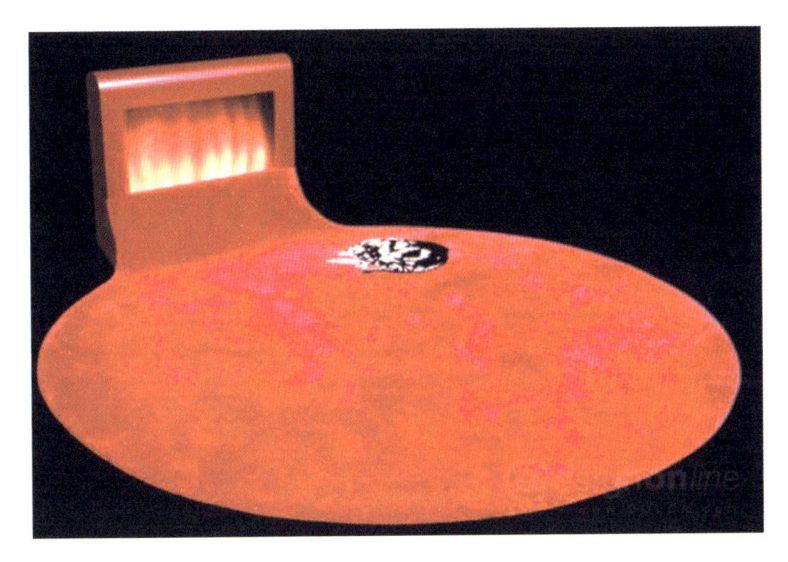

图 6-40　睡猫地毯

复习思考题

1. 你是怎样理解情感化设计的？

2. 心理学家唐纳德·A. 诺曼把产品的认知分为哪几个层次？各有什么含义？

3. 线作为一个造型要素是怎样体现人的不同情感的？

4. 材料的象征意义指的是什么？

5. 木制材料给人以怎样的情感体验？请举例说明。

6. 情感化使用方式分哪几个阶段？

7. 设计一款产品满足儿童的情感需要。

第 7 章 交互设计与心理体验

本章重点

- 交互设计的概念
- 交互方式与交互过程中的心理
- 用户心理体验的不同类型
- 情感体验层次与心理

学习目的

- 通过本章的学习，了解交互设计的概念、目标及设计过程等。掌握交互设计的不同方式及在交互过程中用户的心理状态；掌握用户心理体验的三种不同类型，以及在此基础上的不同情感体验层次。

7.1 交互设计概述

交互设计产生于 20 世纪 80 年代，主要关注用户的交互体验。它是由 IDEO 的一位创始人比尔·莫格里奇在 1984 年提出的，一开始命名为"Soft Face"（软面），后来更名为"Interaction Design"（交互设计）。

7.1.1 交互设计的概念

交互设计的概念从不同的角度出发有着不同的描述。唐纳德·A. 诺曼从设计心理学的角度指出："交互设计超越了传统意义的产品设计，是用户在使用产品过程中能感觉到的一种体验，是由人和产品之间的双向信息交流所带来的，具有很浓重的情感成分。"来自维基百科的说法，交互设计定义了两个或多个互动的个体之间交流的内容和结构，使之相互配合，共同达成某种目的。这种个体的概念指的不仅是人，也涵盖了其使用的产品及接受的服务。也就是说，交互设计是人与产品、系统或服务之间创建的一系列对话。从本质上讲，这种对话既是实体上的，也是情感上的。

交互设计的思维方法是在以用户为中心的设计方法基础上发展得到的。传统的设计师把产品作为一个对象看待，关注产品的色彩效果、静态造型、材料选用等方面，并以效果图为主要的设计表现手段。而交互设计更多地面向行为和过程，把产品看成一个事件，强调过程性思考的能力。其表现手段可以用流程图、状态转换图和故事板来实现。

交互设计过程通过研究用户的心理、行为特点并对其在一定情境下的行为过程进行分析，然后以此为核心，运用新的技术交互方式和手段，使设计的产品更加符合人们的使用需求、心理需求及情感需求。它是一种以研究用户的行为过程为关注点，让用户获得良好体验的设计方法。

交互设计涉及的研究领域非常广泛，与用户研究、产品设计、信息传达相关的领域几乎都有涉猎，其中最突出的是工业设计、人机交互、用户体验设计三大学科。

7.1.2　交互系统

系统化的方法是交互设计中一种行之有效的设计方法。它的本质是将用户、产品和环境等要素所共同构成的系统当成一个整体进行考虑，并分析各个组成要素的作用及影响，根据系统目标提出合理的设计方案。根据英国龙比亚大学的大卫·贝尼昂教授对于交互系统的定义，交互系统（PACT）可以理解为单一要素的关联组合，即人的要素（People）、人的行为要素（Activity）、场景要素（Context）及支持行为的技术要素（Technology）共同组成的集合或系统。而交互系统设计是在设计的语境下对交互设计的一种更深入和更准确的理解和应用。

在PACT的各个要素中，它们是相互关联、相互影响的。大卫·贝尼昂教授认为人们总是在一定的场景中使用技术采取行动。在这个过程中，人是交互的主体，人的行动是为了某些需求在一定的场景下采取的行为。系统的行为是建立在技术提供的可能性上的行为，也就是说行为或者行动受到技术的制约与影响。技术的发展会导致人的行为的改变。比如人们使用手机的方式，从按键输入到触屏输入再到语音输入，这些操作行为方式的改变都建立在技术发展的基础之上。

总之，在PACT组成的系统中，人处于系统的中心位置，起主导作用，人的交互行为与技术的支撑有关，同时也受到场景的影响。从产品设计的角度也可以把技术这一要素改为产品，因为产品可以认为是技术的物化形式，是技术以一定的形态和功能的形式反映到产品上的具体表现。人的要素也可以更精确地描述为用户，使之与产品对应。这四种要素之间的关系如图7-1所示。

交互系统设计中的重点在于协调各个组成要素之间的关系。只有各个组成要素之间的关系协调，交互系统设计的作用才可以最大化呈现。交互系统设计的方法以满足人和其他构成要素之间的交互行为要求为核心，改变了人与产品之间的关系，使人从主观单方面的"使用产品"转变为"体验产品"。

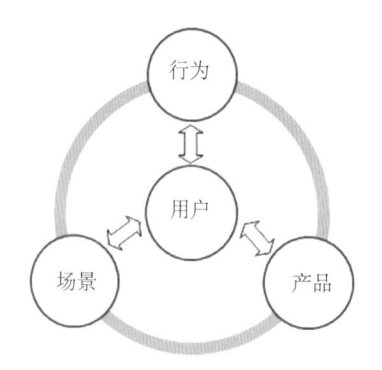

图 7-1　交互系统之间的关系

7.1.3　交互设计的目标

交互设计的最高目标是实现用户对产品的体验，达到身体上、心理上的满足。在《交互设计——超越人机设计》一书中，作者将可用性目标（Usability goal）和用户体验性目标（Experience goal）提炼为交互设计的宗旨。

1. 可用性目标

可用性指的是产品是否易学、易用并有效，是否满足通用性标准。它关注的是人与产品之间交互方式的优化，进而有效满足用户在日常工作和学习中的需求。可用性目标具体可以分为可行性、有效性、安全性、通用性、易学性和易记性六个方面。

2. 用户体验目标

可用性目标仅仅是交互设计的初级层次的需求，新技术的发展使得人们对产品的高层次需求日益凸显。用户体验目标关注人的心理感受，致力于实现人在使用产品过程中的愉悦感及深层次的满足感。

因而用户体验目标关注产品的体验品质，即用户通过使用产品获得良好的体验，并形成进一步体验的渴望。体验品质最终通过用户的情感体验指标得以验证，如满意度、趣味性、帮助性、启发性等方面。在《体验与挑战——产品交互设计》这本书中，作者认为产品的非物质属性就是通过用户的体验目标来彰显的。具体来说，用户体验目标涵盖了以下几个层面。

- 令人满意（Satisfying）
- 令人愉悦（Enjoyable）
- 有趣（Fun）

- 引人入胜（Entertaining）
- 有益（Helpful）
- 激励（Motivating）
- 富有美感（Aesthetically Pleasing）
- 支持创造力（Supportive of Creativity）
- 有价值（Rewarding）
- 情感上满足（Emotionally Fulfilling）

这十个方面只是表示了用户与产品交互时主观上的感受，除了令人满意、令人愉悦和富有美感这些方面是交互产品设计应达到的用户体验目标之外，其他方面并不是产品交互设计必须达到的目标。

产品交互设计所要达到的可用性目标及用户体验目标并不是孤立存在的，因为产品满足好用和易用的标准本身就可以给用户带来良好的体验；反之，具有良好体验的产品在提升用户愉悦感的同时，也有利于产品可用性目标的实现，两者之间相得益彰。可用性目标相对于用户体验目标来说具有较大的客观性，这是两者间的主要差异。在具体的产品设计过程中，设计师要根据用户和任务的不同特点实现两个目标之间的平衡。

7.1.4 交互设计的过程

交互设计过程以用户需求分析为基础，围绕用户目标展开，主要采用产品原型来表达设计概念，再根据一定的原则或标准进行评估，不断迭代修改直至产品完成。

交互设计的过程包括若干个阶段。普利斯认为交互设计过程分为四个阶段：第一阶段是建立需求，第二阶段是方案设计，第三阶段是构建原型，第四阶段是设计评估。这四个阶段是不断迭代的过程。也就是说把第四阶段设计评估中的问题反馈到第二阶段，然后再修正可交互版本原型，直至评估满足要求，最终设计出满意产品为止。

1. 建立需求阶段

目标用户对产品的需求主要包括功能需求、数据需求、环境需求、可用性需求和体验需求。

2. 方案设计阶段

（1）概念设计阶段

概念设计是指用何种方法解决问题。概念设计是创造性思维的一种体现，它试图找出一个清晰的概念化设计解决方案，并努力让这个概念被人接受。从产品设计的角度来讲，它依据用户需求对产品进行规划，确定任务目标，从而提出解决方案，并采用用户能够理解的模式进行表达。在设计分析过程中，可以用故事板来描述可能的情节，说明产品的功能及实现方法，并构建系统外观原型。

（2）物理设计阶段

物理设计是在概念设计基础上的具体化。此阶段的设计强调外观的细节、功能的实现及交互方式的选用。物理设计可以分为操作设计、外观设计和互动方面的设计。操作设计主要指对产品的功能形式、使用方式、操作步骤方面的设计，它强调产品的功能化内容。外观设计是对产品造型、形状、颜色、大小等进行设计，主要体现产品的风格及美感。互动方面的设计是对人机系统间的互动行为及方式进行规划，它强调用户的需求，定义了用户与产品之间互动的目的、内容及结构。

3. 构建原型阶段

原型是对产品的一种近似的和有限的表现形式，如表示产品形态的外观原型、用于验证产品功能的实验性原型，以及表达产品外观、操作、界面、内部功能和结构等的综合性原型。构建原型是为了发现问题，是为了逐步接近最终产品。由于原型的可视性、可触摸性和可操作性，决定了基于原型的评估更具有客观性、全面性和合理性。最终产品就是在"原型—评估—修改—原型—评估—修改……产品"的不断重复中获得的。

4. 设计评估阶段

设计评估的目的是为了与用户建立更好的沟通，更加透彻地了解用户，发现设计中的问题，改进设计。交互设计的评估没有通用的模式，也没有一成不变的技术及方法。通常使用的评估类型有快速评估、可用性测试、实地研究、预测性评估四种。

7.2 交互与心理体验

在一定的情景中，用户和产品之间的交互是通过一种具体的方式来完成的。用户与产品之间的交互也是按照一定的顺序和步骤进行的。用户和产品的交互过程也是用户获得心理体验感受的过程。

7.2.1 交互方式与心理体验

用户和产品之间的交流需要通过一定的方式进行，不同的交互方式在某种程度上决定了产品的易用性及体验性。在一定情景下选择适用的交互方式会给用户带来良好的心理体验。以感官为核心的交互方式在3.1节中已经说明。在本节中，按照交互过程中信息流的表现形式的不同，将交互方式分为数据交互、图像交互、语言交互和动作交互等几大类。数据交互作为计算机技术常用的一种交互方式，在这里不再说明。下面是在设计中常用的几种交互方式。

1. 图像交互

图像交互主要是通过图形的方式来传递信息。依据信息处理方式的不同，主要分为图像输入、图像识别和图像感知三种类别。图像输入是一种传统的交互方式，比如计算机中图像的输入。随着图像交互技术的发展，图像识别和图像感知交互作为新的交互方式应用于设计中，比如无人超市。在图7-2中展现了无人超市的售货流程。首先用户通过刷脸方式开门，进入超市后可以随意选择商品，系统会自动识别所选购商品的标签并结算价格，并通过刷脸或者扫描二维码的方式自行完成支付，最后用户在接受自动检测后离开超市。其中刷脸的这种人机交互方式就是图像交互的新方式。而这种情境下的图像交互方式给用户带来了较高的自由度，也给用户带来了自主控制的新奇感。

图 7-2　无人超市的售货流程

2. 语音交互

语音交互是最自然、便捷、流畅的信息交流方式，在人类日常的交流中占据了75%的比例。语音识别技术是语音交互的关键。如果用户需要借助语音识别技术进行语音交互，就必须具备比较标准的发音，并对语音交互产品进行正确的使用。如图7-3所示，天猫盒子借助互联网通过语音和用户对话，实现了信息的双向交流。其语音交互的方式更加人性化，给用户带来了便捷和崭新的体验。比起传统的动作交互方式，用户的体验更加直接。

图 7-3　天猫盒子

3. 动作交互

动作交互也称为行为交互，它通过人的行动对产品进行控制，比如使用鼠标对计算机进行控制，操作洗衣机等家电产品，这些都属于动作交互的范畴。随着三维空间非接触式动作识别技术的发展，在三维空间使用手势或者肢体动作来控制产品成为现实。这种新型的动作交互类别也越来越多地应用到产品设计中。如图 7-4 所示，在宝马汽车 iDrive 系统（智能驾驶控制系统）中就配备手势识别功能，它通过 3D 传感器检测手势动作并据此来控制操作。驾驶员可以做出不同的手势接听来电或调节播放音乐的音量等。虽然此系统还不能完全替代传统的动作交互方式，但此交互方式和语音交互结合，两者相辅相成形成了更加自然的人机交互方式。

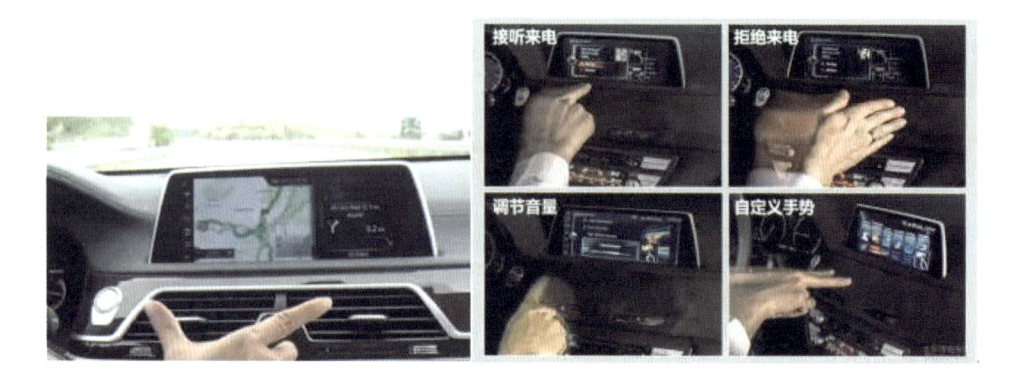

图 7-4　宝马汽车 iDrive 系统中的手势交互

4. 体感交互

体感交互是一种直接利用躯体动作、声音、眼球转动等方式与周边的装置或环境进行互动的交互方式。体感交互是一种新式的、具有行为能力的交互方式。相对于传统的界面交互，体感交互强调利用动作、手势、语音等现实生活中已有的知识和技能实现人与产品的交互。这种交互方式的亲和性决定了它是一种更为自然、更符合用户需求、更易获得良好心理体验的交互方式。

如图 7-5 所示为用户肢体控制的 wii 体感游戏机，这是一款体感交互式游戏机。用户可以选择屏幕上的场景，使用生活中所运用的肢体动作技巧来掌控游戏。随着虚拟现实及增强等技术的发展，这种交互方式越来越多地应用到产品中。

在产品设计中所运用的交互方式往往是多种交互的组合，如图 7-6 所示，这款智能手环可以实现时间播报、运动计步、测试心率、查询信息等功能。用户在使用此产品的过程中，可以通过图像交互、动作交互及语音交互等多种方式完成人与产品的互动。而产品交互方式的发展也越来越倾向于自然的人机交互方式。

图 7-5 用户肢体控制的 wii 体感游戏机　　　　图 7-6 智能手环

7.2.2 交互过程与心理体验

交互过程是用户和产品之间传递信息的过程。在此过程中，交互的要素——用户、产品、行为及场景随着时间的推移进行着交互的延续和迭代。用户作为操作主体，在操作过程中的不同阶段有着不同的心理期待和反应。

1. 在交互操作过程的前期，用户表现为一种探索心理

用户对产品的认知来源于界面提供的信息。用户在有了初步的目标后，会集中注意力寻求信息线索。用户在操作产品、与产品交互的过程中处于一种努力弄清楚自己所处情景的状态，他会结合自己所要完成的目标进行综合评定后再操作，所以说在用户操作产品并与产品进行交互的初期表现出的是一种探索心理。

2. 在交互操作过程的中期，用户表现为一种控制心理

用户操作产品完成某一任务的过程中，是分很多步骤来完成的，而每一步都经过"信息搜索—确认—操作—获得反馈信息—进行下一步"的流程。在这个流程中，用户会依据自己的判断逐步完成任务，所以会表现出较为强烈的控制心理。对于设计师而言，所设计的任务流程要适中，要提供不同交互方式下操作的可能性，这样才能方便用户使用，满足用户的心理需求。

3. 在交互操作过程的后期，用户会体验到一种满足心理

用户依据自己建立起来的任务模型，分阶段、有步骤地达到最终任务目标。如果整个交互操作顺利完成，就会使得用户产生满足感及价值感。符合用户认知习惯及思维模型的设计会促使这个过程顺利完成。

4. 在整个交互过程中，自然的交互方式可以吸引用户，引导用户的行为

用户与产品交互的过程是用户主动参与、产品自然反馈的过程。对设计而言，可以借助生活中趣味化的交互流程，通过独特的交互手段及信息反馈形式，引导人们的行为方式，使其对交互充满兴趣与热情。这样既可以增强产品的吸引力，提高用户的参与性，又可以使得用户获得生活的幸福感。

如图7-7所示，这是位于德国地铁站的一段步行楼梯，设计师把一级一级的阶梯设计成了钢琴琴键。每当路人走过时，随着脚步的移动就像在弹奏钢琴，人们脚下就会发出悦耳的声音。这一设计不仅在视觉上展现了独特的效果，还通过新奇的交互方式调动了人们步行的积极性，使人们体会到在楼梯上行走的趣味性，因而它引导了一种健康的生活方式。

图7-7 德国大众公司生产的钢琴楼梯

7.3 用户的心理体验分析

体验一词源于拉丁文的"Exprientia"，意思为探查、经历。用户体验一词最早被广泛认知是在20世纪90年代中期，它由用户体验设计师唐纳德·A.诺曼提出。ISO 9241-210标准将用户体验定义为"人们对于使用或期望使用的产品、系统或者服务的认知印象和回应"。因此，用户体验是主观的，且注重实际应用。苹果公司在用户体验方面做得很成功。苹果品牌的产品有着鲜明的造型语言，其操作软件系统在对用户需求进行充分调研的基础上，很好地规划了用户的操作流程，使得用户在操作产品的过程中获得了良好的心理体验。

依据用户获得心理体验的对象不同，从产品设计的角度，可以把用户的心理体验分为基于感官的用户体验、基于操作行为的用户体验及基于经历的用户体验。

7.3.1 基于感官的用户体验

1. 视觉体验

视觉体验是人类认知世界的媒介，它是视觉将看到的"事物"直接传达给大脑后，人们看到某"事物"的第一感受。视觉体验是感官体验中的瞬间体验，也就是人们将看到的"事物"通过眼睛传达给大脑，大脑思维迅速做出反应的瞬间体验。影响视觉的因素有颜色、形状、材质等。以韩国"My Doctor"移动医疗产品 App 为例，在设计这款 App 时，目的是方便用户查找所需要的药物，经过调查，由于许多药物是由专业术语进行命名的，用户很难记住药物的名字。最终该款 App 被设计成用户可以根据药片上的颜色、形状等要素，对需要的药物进行快速查找及筛选（见图 7-8）。这样的做法不仅给用户提供了方便，也给用户带来了良好的体验。因为用户对形态和颜色的识别远远高于对文字的识别，所以视觉是最直白、最直接的体验方式。

图 7-8 药片颜色形状的视觉体验

2. 听觉体验

在日常生活中，人们之间的沟通大部分依靠听觉得到相关信息。一定情境下，人与产品之间信息交流的反馈也是通过听觉来实现的。例如，图 7-9 中所示为景区智能电子门票检票系统。如果将门票带有黑色磁条的一端放在闸机的黄色标识区域，就会听到"嘟"的一声，人们在听到此声音反馈后，就可以确认门票已经被识别。如图 7-10 所示为汽车倒车雷达系统。当汽车接近障碍物时，语音播报回馈"嘀"的声音。随着越来越接近障碍物，语音播报就会变为连串的"嘀嘀嘀"的声音。驾驶员可以通过不同的声音反馈来判定汽车所处的状态。

图 7-9 智能电子门票检票系统   图 7-10 汽车倒车雷达系统

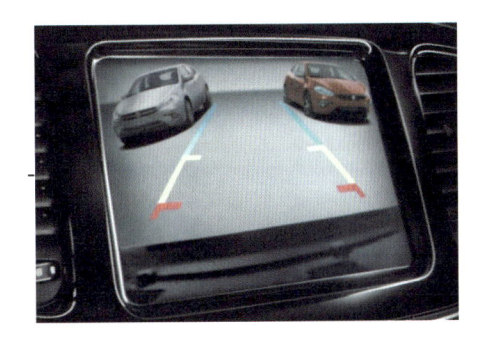

3. 嗅觉和味觉体验

嗅觉和味觉一般是共同出现的，它是通过嗅觉或者味觉器官对气味或者味道刺激而产生的感觉。人们通过嗅觉或味觉得到的心理感受就是嗅觉或味觉体验。例如，上海迪士尼乐园的奇想花园是由七个小园组成的，七个小园中的卫生间里分别释放出七种不同的香薰气味，由于气味不同，游客据此可以很快判定自己所处的位置，从而起到引导的作用。通过不同的香气的嗅觉体验给游客以引导，丰富了游客的心理体验。

4. 触觉体验

触觉体验可以理解为人们使用某一产品产生刺激形成的感觉。它是通过与人体直接接触获得的。产品不同材质的界面会给人带来不同的触觉体验。例如，公共休闲座椅有木质、金属之分。木质材料的座椅给人的触觉体验是温暖的，而金属材质的座椅给人的触觉体验是冰冷的（见图7-11）。所以在冬季里，人们大多选择木质座椅；而在夏季里，人们大多选择金属材质的座椅。

图 7-11　木质座椅与金属材质座椅

7.3.2　基于操作行为的用户体验

行为层次的用户体验是指用户发出行为操作后获得的心理体验。具体地说，是用户通过身体的各个部位使用或操作产品时所产生的体验。用户操作产品大部分是靠手来完成的，比如操作鼠标、键盘、家用电器等；另外一部分操作产品的行为也可以依靠脚来完成，比如用脚来控制汽车的油门、刹车装置等；还有一部分产品可以用身体的其他部位进行操作，比如用语音来控制产品。随着科学技术的发展，用新的行为方式来操作产品，会给用户带来新奇的体验心理。

如图7-12所示为用脚开启汽车后备箱，这是一种开启汽车后备箱的新方式。通常情况下，开启汽车后备箱需要用户用手按压按钮或者点击遥控装置完成。而图中所示，用户可以在手搬物品的情况下，做出用脚下踩的动作来完成开启汽车后备箱的行为。这种新的操作方式给用户操作带来了方便，也给用户带来了良好的心理体验。

图 7-12　用脚开启汽车后备箱

7.3.3　基于经历的用户体验

基于经历的用户体验是高层次的用户体验。它通过刺激用户情感记忆的方式来引发用户的心理体验。经历体验一般是由一段时间内一系列过程中的行为结果引发的。例如，在淘宝上买东西，用户会经过"选取意向产品—产品比较—购买产品—收到产品—检验产品—使用产品—评价产品"这一系列过程，其中最后一个环节是对本次购买产品的整个过程进行评价（见图7-13）。购买过程中的每一个环节都影响着用户的情感因素，而这些因素又影响着用户体验。

图 7-13　淘宝评价

用户体验过程是一个递进的过程，它首先基于感官的感觉体验，然后经过行为的交互体验，最后基于整个服务过程的情感价值体验。体验过程层层递进，也就是说，当产品及服务过程满足用户的需求时，用户的体验层次也由低向高发展。

7.4　情感体验层次与心理

体验是用户与产品之间发生作用或交互后，用户心理方面的认知与情感反应。情感在心理学中被定义为主体对于客观事物是否符合自身需求而产生的态度和体验。美国心理学家唐纳德·A．诺曼指出，人脑中有三种不同的认知层次，它们是本能层次、行为层次和反思层次。本能层次是由与生俱来的生物因素决定的，是感官层面的直观感受，是情感处理的源头；行为层次是由于用户和产品之间的互动行为而产生的用户感受及体验；反思层次是经历了本能层次和行为层次之后的体验，反思层次更加注重产品与用户的情感交互，这种情感交互涉及用户情感深处的体验，属于认知层次中的高级部分。

7.4.1 本能层次的体验与心理

本能层次的体验是情感体验的第一层，它与 7.3.1 节中基于感官的用户体验是一致的。对于本能层次的体验，用户一般通过产品的色彩、形态、材质、声音等元素来获得，也就是说，在本能层次的体验中，产品的色彩、形态、质感是很重要的。用户一般通过产品的表面属性来获得舒适感、愉悦感。

如图 7-14 所示为北京长安街的公共护栏、单柱型路障设计。在颜色上，每个单体设计统一采用古铜色，米色为辅色。这与长安街沿途的灰色建筑物相协调，在视觉效果上给人以稳重的舒适感。在形态上，采用了简洁的设计，运用莲花柱头、腰花、基座、如意装饰、祥云纹样等传统元素，在视觉上给人以复古的感觉，这种复古感与整体建筑风格相呼应。另外，在材质上采用镀锌钢，这种材质经过多道工艺处理后，整个护栏不易沾污垢、易清洗、耐腐蚀，人们也可以从触觉上感受到材质的稳固耐用。综上所述，产品的色彩、形态、材质等要素可以触发人们的本能层次的体验。

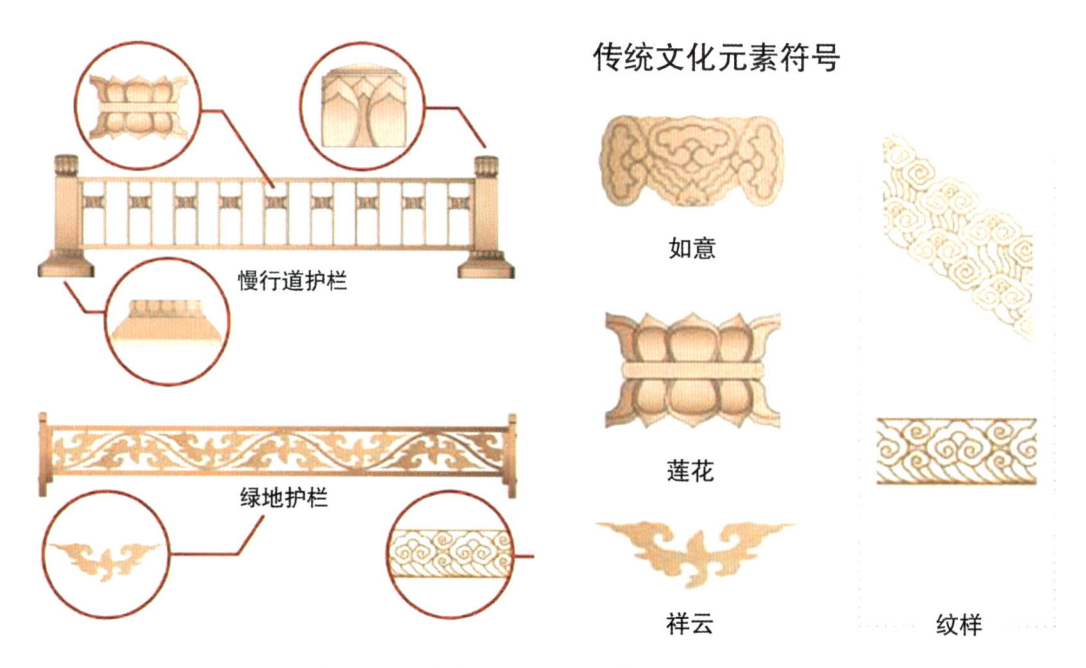

图 7-14 长安街的公共护栏、单柱型路障设计

7.4.2 行为层次的体验与心理

行为层次的体验是情感体验的第二层，它与7.3.2节中基于操作行为的用户体验是一致的。也就是说，行为层次的体验来自用户与产品的行为交互。一般情况下，用户会在经历了视觉、听觉、触觉、嗅觉及味觉体验之后，与这一产品发生行为交互。在交互过程中，用户通过操作得到反馈并进行下一步操作，直至完成整个过程，在这种交互过程中的感受称为行为体验。

例如，苏州园林为游客开发了一款App。游客在使用这款App时，通过对界面的摸、滑、点等动作进行操作并获得所需要的信息。如图7-15所示，这是一个游园的规划路线，它分为A、B两种游园规划。游客按照自己游园的计划进行设置，并与之发生行为的交互。这样游客会得到所需信息的反馈，依据反馈，游客可以随时调整自己的路线，最后完成游园活动。在整个游园的过程中，游客与App之间的交互是通过行为动作来完成的，并且这种行为交互会反复出现。而在此过程中，游客的心理认知与情感感受就是行为体验。在游园的行为体验中，人们体验到的是信息反馈带来的节奏感及路线的畅通感。

图 7-15　游园 App 中的 A 与 B 两种游园规划

7.4.3 反思层次的体验与心理

反思层次的体验是情感体验的第三层，它与7.3.3节中基于经历的用户体验是一致的。反思层次的体验与感官、行为的交互及人的记忆有关。意大利设计师乔凡诺尼曾说过：真正的设计会打动人，能够传递感情、勾起回忆、给人惊喜。反思层次的体验与情感引起的共鸣，会给人以心灵深处的触动。对于产品来说，也会由于产品的情境及经历过程的不同带来不同的价值感受。

例如，上海迪士尼乐园推出了梦想护照和特殊印章（见图7-16），它是引导游客完成规划路线，具有互动式游园模式的一种产品。游客在入园后可到指定区域购买梦想护照，在游园时可到梦想护照指定的园区收集护照官方印章。集齐印章的游客将会得到纪念胸牌印章一枚。梦想护照是精彩体验的见证物，是勾起快乐回忆的特殊珍品。它成为游客回味愉快的心理体验的特别珍藏。在以后的岁月中，当游客再次看到梦想护照及印章时，不仅会体验到其本身的精美，还会联想到当时游园的有趣过程，引发对美好生活的回味及憧憬，获得高级的情感体验。总之，梦想护照与游客思维、情感、记忆之间相互关联，所产生的体验涉及游客的个人经历与情感记忆，是反思层次的体验。

图 7-16 上海迪士尼乐园的梦想护照和特殊印章

复习思考题

1. 谈一下你对交互设计的理解，并说明它与工业设计的区别和联系。
2. 按照交互信息流方式的不同，用户的交互方式有哪些？
3. 用户的体验可以分为哪些类型？分别是什么？
4. 用户的情感体验分为哪三个层次？

第 8 章 设计案例

本章重点

- 实例一 茶具设计
- 实例二 滚筒洗衣机设计
- 实例三 插座设计
- 实例四 品牌洗衣机传承设计
- 实例五 以城市文化为核心的旅游导引设计
- 实例六 清洁机仿生设计
- 实例七 便携式按摩椅设计
- 实例八 未来交通工具概念设计——"Gtaxi 城市出租车"

学习目的

- 通过本章八个例子的学习分析,进一步加强在实际产品设计中运用设计心理学知识的能力。

对于产品设计来说,设计心理学的知识始终贯穿其中。从设计师创意灵感的出现到设计的深入细化,再到产品制造整个过程,都自觉或不自觉地运用了设计心理学的知识。这是由于设计心理学的根本就是以人为本,这和产品设计的基本理论思想是一致的。所以说设计心理学的知识已经和产品设计的理论融合在了一起。

熟知设计心理学的知识,并把它融入产品设计之中是对一个优秀设计师的基本要求。只有以设计心理学的知识为基础,才能设计出符合人们需求的经典产品。下面分析的八个实例都是学生设计的作品。这些作品可能并不完美,但每一个都有其可取之处。希望这些实例给大家以启发,从而进一步体会设计心理学在产品设计中的重要之处,并真正把心理学的知识运用到产品设计中去。

实例一 茶具设计

正确、合理地运用消费者的情感心理,能增强人与产品的亲和力,并且能用产品自身的语言与人交流沟通，达到一种非生命的产品与人之间的友善，使看似平淡无奇的使用与被使用者之间产生一种极为微妙的情感，从而大大提高产品的附加值，增强产品的竞争力。

中国是饮茶大国，大部分中国人都喜欢饮茶。在不同的地域往往有着不同的茶文化。在饮茶的人群里有老人也有年轻人。老年人相对来说空余时间多，大多数有内涵的老人都会选择喝茶，这种方式能够体现一个人的品位和内涵，并可以在品茶的过程中体味人生、感受生活。中年人喝茶可以缓解压力和放松心情，当然也不乏附庸风雅的心理。青年人喜欢喝的茶必是符合年轻人的性格的，比如冰红茶。

喜欢饮功夫茶的人群一般具有一定的文化素质或者有比较丰富的人生阅历，有着较高的生活品位和对于传统东西的热爱。他们喝茶的目的是放松心情、品味生活。所以，在设计茶具的时候应该把握这两个心理方面，一方面要突出一定的生活品位，展现一定的传统文化；另一方面应该让茶具在人们品茶时增加一种情趣感和现代感。

根据以上的分析，在设计时将设计要求和目标人群的心理分析相结合，组合成一个完整的系统。首先，设计中要追求外观造型的整体性和合理性——一套茶具包括的物件比较多，要使得各个物件通过某种方式完美地组合成一个整体，这个整体要体现一种文化感和现代感，更好地满足人们的文化品位。同时，茶具尺寸要符合一些常规或标准的要求。其次，茶具的设计要满足人们对常用茶具的使用功能的要求。最后，茶具设计要符合人机关系，让人们使用起来心情舒畅愉快，满足人们的心理需求。总之，设计的目的是以茶具为平台，引导更多的人去了解茶文化，去体验传统，品味生活。

移石栽花种竹，烹茶酌酒围棋。茶有茶道，棋有棋道，喝茶下棋之间，便有深意。围棋和茶都是中华文化的明珠，它们两者有共通之处，而这种共通之处就是东方哲学。

如图8-1所示的茶具设计运用中国的传统文化元素——围棋，把茶具的摆放和围棋的布局在造型和意蕴上进行有机的结合，突出了中国茶文化。设计师用黑白色和突破传统的造型，体现现代感。茶杯的设计采用围棋棋子的流线外观造型。茶壶的设计采用棋罐的造型，将壶把和壶嘴隐藏起来，突出整体感。茶托的设计灵感来自棋盘，将经纬线的边线渐变，给人一种无线延伸的感觉。这款设计通过茶具与围棋形态的有机结合，使得两者相得益彰；并且通过富有趣味的造型努力吸引年轻消费者的目光，使这些平时不怎么喝茶的人群去关注茶文化，在年轻消费者和茶文化之间建起了一座桥梁。此套茶具设计对中国传统文化进行了很好的诠释。

图8-1 茶具设计

实例二　滚筒洗衣机设计

具有独创性形态的创作能给人以新颖的心理感觉，同时体现出设计师的创作个性。独创性的形态包含着一种特殊的美感，设计师通过这种美感唤起人们对未来生活的追求。

随着科技的发展，越来越多的新功能被应用到洗衣机上，这也导致操作复杂性的提高和人机信息交换量的增加。现有的洗衣机的形态及使用方式能否满足易于使用的要求，往往是设计中重点考虑的问题。

洗衣机这款家电产品的使用对象不仅有正常人，还有残障人士。所以所做的设计从现代家居的生活环境、正常人与残疾人在家庭中的生活状态及他们做家务活时的状态这三方面展开调查研究。考虑到现在家庭家居环境不大，要求洗衣机尽量节省空间；在洗衣机的使用过程中身体最不舒适的部位是腰部，在洗衣的全过程中需要两次弯腰，设计中要考虑解决这个问题；另外，对于肢体残疾的人士来说，洗衣机投放衣物的开口不太适合。

如图8-2所示的滚筒洗衣机采用单斜面设计，即机盖与操作键放置在一个向前倾斜的斜面上。这样既减小了人在洗衣操作时的弯腰程度，又可以给坐轮椅操作的洗衣者留有充足的下部空间，还可以自行调节机盖的位置和高度。这个设计使得不同的使用者都能找到最舒适的操作姿势。也就是说，使用者可以根据身高或操作习惯的不同选择顶开或侧开。

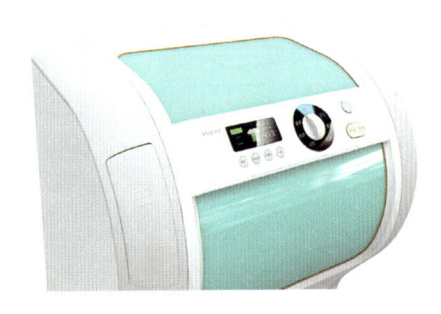

图8-2　滚筒洗衣机的外观效果

此款滚筒洗衣机具体采用可旋转顶开式的方式，具体操作模式如图8-3所示，Model 1：站立姿势的人可以保持身体直立状态将衣物放入洗衣机，并操作面板；Model 2：使用轮椅的残疾人士可以保持舒适的身体姿势将衣物放入洗衣机，并操作控制面板；Model 3：洗完衣服后，站立姿势的人和坐轮椅的人士可以将衣物轻松取出。在设计细节上，包括洗洁剂盒的把手、开门键与透明机盖上相应的 LED 灯等都是该方案的亮点。

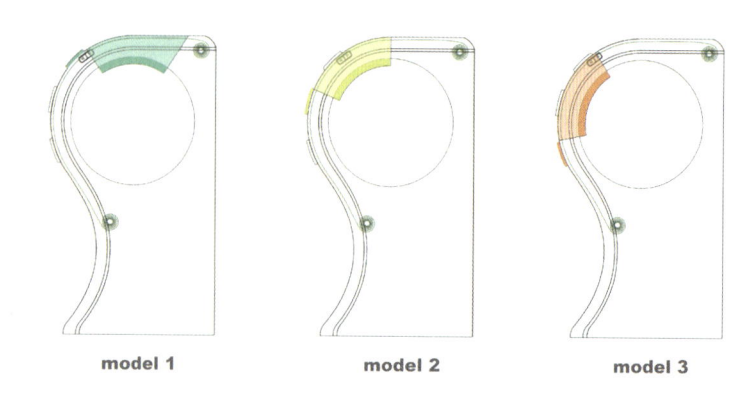

图 8-3　滚筒洗衣机的三种模式

实例三　插座设计

　　设计产品时要考虑人们使用产品的不同方式，不同的产品使用方式必然会带来产品形态的改变，进而对使用者的心理产生影响。良好的使用方式使操作更方便，并能够提高产品的使用效率，从而满足消费者的使用需求和心理需求。

　　生活快节奏的城市年轻一族都或多或少地拥有一些电气产品，插座就成为年轻人生活中不可或缺的常用品。这些年轻人具有一定的文化素质和较高的欣赏水准，更喜欢有高科技感和设计简洁的产品。他们要求产品无论在整体上还是在细节上都要有更高的品质。在使用上除了安全性、便捷性方面的要求外，对人机互动也有一定的要求。因此设计者不能只局限于自己关注的领域，而应从产品使用人群的各个方面出发，考虑使用的广泛性。

　　对现有日常生活中的普通插座调查后发现现有插座存在很多使用的不便。首先，普通插座插接体积大的电器插头时，常出现插头与插头拥挤或插不上的情况；其次，普通插座在拔插头时，常因大意拔错插头；另外，普通插座的开关指示不够明确，有安全隐患。如图 8-4 所示的插座设计解决了以上的使用问题。在设计中通过改变插孔的布局，把每个面错开，使插头不再拥挤，并且插座孔的斜面设计也提高了用户的可操作性；而通过智能电子显示屏设计，显示出所用电器的符号，解决了误操作问题；并且这款设计通过旋转这一动作来完成开关插座的使用，并配有 LED 指示灯显示，这使得其指示作用更为明确。

　　总之，在此插座设计中，结构与外观几何的巧妙结合使其造型更为新颖独特；其操作方式的改变给用户带来了趣味性；顶部的电子显示标志符合用户的知觉要求，在保证产品安全性的同时防止了误操作。

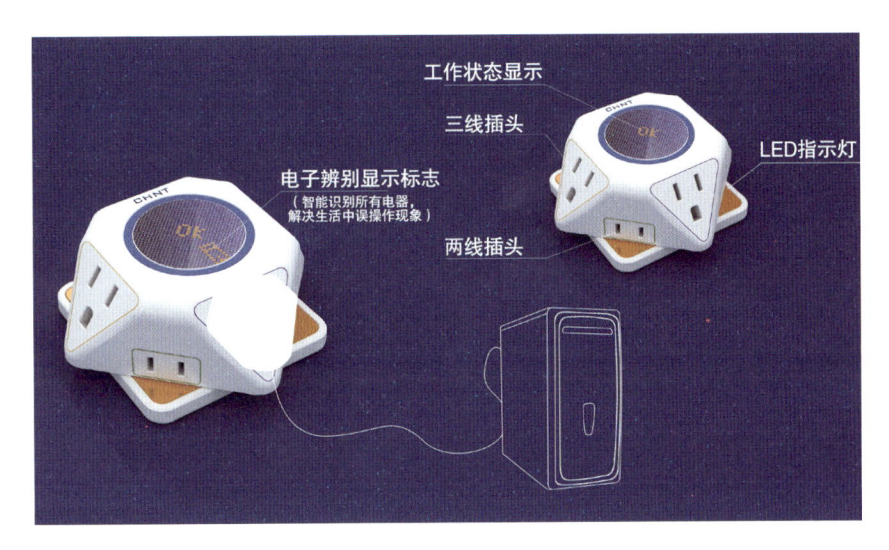

图 8-4　插座设计

实例四　品牌洗衣机传承设计

　　品牌设计的传承可以从两个方向理解，一是延续，二是创新。所谓"延续"，是指设计的核心理念、设计风格与造型的延续；所谓"创新"，是要求设计者能够预测用户的未来需求，或者能够把引导用户的生活方式作为目标。在具体实现上，它可以从文化理念（用户的情感需求等）、技术（包括材料、工艺等）、人机学（包括人与产品、环境）、生态等角度深化与提升原产品的内涵，从而达到品牌延伸的目的。

　　本次设计是在理解飞利浦品牌的基础上，以飞利浦"精于心，简于形"的设计理念指导滚筒洗衣机创新设计。在设计产品时从人机工程学原理、设计心理学和产品语义学等方面进行探讨与研究，使产品更加人性化、情趣化，符合现代人的审美观念，与现代家居相协调。

　　如图 8-5 所示的飞利浦品牌的洗衣机设计具有以下特点。首先，在造型上，为了使用户易于操作，采用了小弧面造型。比如，两侧圆弧采用不等边圆角，最大化容纳空间，在外壳加固的同时避免棱角对使用者的伤害；前端采用圆弧造型，利用夸张手法使其更具亲和力；洗衣机下部弧面向内凹，给人留下部分容脚空间，方便操作。除此之外，其造型上的最大特点是采用超大滚筒视窗设计，其材料为钢化镀膜玻璃。这种材料具有单向透光性，可以避免高强度光线穿过玻璃刺伤眼睛。超大的玻璃视窗突出，便于观察洗衣状态；操作面板适度倾斜，方便用户操作。整体造型采用较为夸张的手法，在突出个性的同时也易于用户使用。

　　其次，在功能上，此款洗衣机在视窗门的中央设有一圆形杀菌灯，它的主要作用是提供高强度照明，并催化附在内筒表面的光触媒物质，以达到除菌、杀菌、抑菌的目的。另外，内外筒采用不同轴设计，也就是在满足内外筒间储水容量的同时，将内筒的高度抬高，这样就减小了用户的弯腰程度并减少了用户弯腰的次数。

　　最后，在细节上，超大旋转调钮显示盘设有荧光环，这在方便用户操作的同时也使操作更具情趣化。总之，此洗衣机造型引用欧式风格的板式造型，整体造型简洁、稳重，在功能上满足了实用、安全、方便、环保、节能的要求，并以光触媒光照杀菌为切入点，将飞利浦照明延伸到洗衣机上，引导用户采用新的洗衣方式。这样的设计既突出了品牌个性，又给产品增加了亮点，也体现了人性化的设计理念。

图 8-5　飞利浦品牌洗衣机设计

实例五　以城市文化为核心的旅游导引设计

　　城市文化是一个城市的物质、精神、政治文明的外在显示，是一个城市人文历史、自然风景、建筑特色、物质生活的集中体现。城市文化就如同城市的名片，向人们展示着自身特色。城市文化是城市历史的积淀，恰似大浪淘沙、沧海遗珠。一个城市的导引体系是城市展示自我的直接媒介，是城市这座王冠上璀璨的明珠，一颗颗绚丽夺目装点着城市的面貌。

　　城市文化作为一个具象化的名词，可以化简为繁地通过细微之处体现出来。具体来说，城市文化可以是城市风貌、历史古迹、城市历史人物、城市历史故事、城市典型代表物品、城市典型代表符号等。好的导引体系在提供用户需求的基础上，可以有效地展示城市的文化特色。这就要求在进行导引设计时，要将导引体系与城市的文化相融合，在城市的实际环境中体现城市文化。也就是说，导引体系应与实际环境交相呼应，与文化内涵相互融合，服务用户和引导用户。

　　济南位于山东省的中西部地区，南依泰山，北跨黄河。济南历史文化悠久，在史前时期就是"龙山文化"的发祥地，自然及人文资源得天独厚。济南泉水众多，所以又称泉城，72名泉曾让许多士林才子争相前往。济南代表景点包括千佛山、大明湖、趵突泉、灵岩寺、曲水亭街等，素有"四面荷花三面柳，一城山色半城湖"的美誉。济南将山、泉、湖融合在一起，既有着北方城市的豪迈，又蕴含着江南小镇的婉约。济南最具代表性的事物是济南的泉水，最具代表性的花是荷花。在设计中抽取最具代表性的泉水这一元素，结合设计的需求设计出济南导引体系中的部分图标（见图 8-6）及城市导引 App 界面（见图 8-7）。

　　在图 8-6 所示的图标设计中，色彩选用具有传统文化意味的朱红色调，来满足游客探寻城市传统文化内涵的需求。在形态上也选用了具有济南城市文化特点的物品进行抽取及变形，比如糖葫芦的选用。对于方向图标则抽取泉水的变形，图案简洁生动，给游客带来了良好的体验。

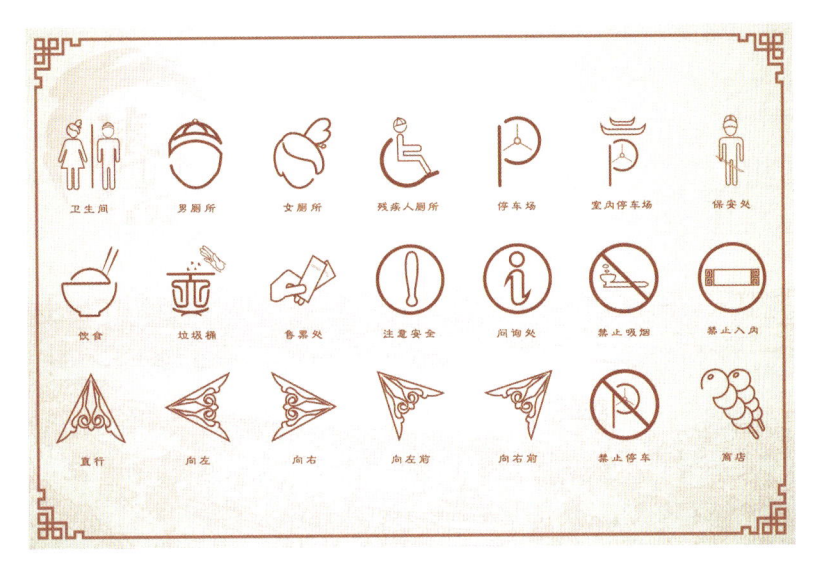

图 8-6　济南城市旅游导引体系设计部分图标

在图 8-7 所示的旅游导引 App 设计中，界面设计突出了城市文化特点，虚实结合。设计流程以准确把握用户心理为重点，将景点通过导引流程串联起来，充分体现城市文化特色；并在设计导引流程的过程中提高用户的积极性与趣味性，使用户在环境内更加深入地感受城市文化。

图 8-7　济南城市旅游导引 App 界面

实例六　清洁机仿生设计

设计既是有情的又是有生命的，它的情反映在设计过程中设计师的情感寄托上，它的生命体现在使用过程中自身使命的演绎，因此采用仿生的方法更能体现产品的情感。

情感是人们对客观事物所持的态度中产生的一种主观体验。人是有感情的，人对物产生感情的原因是因为人在产品中寄予了情感。如果设计师在设计产品的过程当中，将设计的情感因素融入产品中，那产品就将不再是单纯的物的东西，而是具有了人的情感。这样的产品具有很强的亲和力，很容易引起人们的情感共鸣，从而以产品形式来实现物与人的情感交流。

形态从其再现事物的逼真程度和特征来看，可分为具象形态和抽象形态。具象形态比较逼真地再现了事物的自然形态，因此具象形态具有很好的情趣性、可爱性、有机性、亲和性、自然性。抽象形态则用简单的形体反映事物独特的本质特征。当人们面对这种形态时，会产生"心理"形态，这个形态会经过个人主观的喜怒哀乐及联想发生丰富的色彩和形态的变化。

形态与自然的联系主要体现在人们对自然形态的把握和借鉴上。从设计角度来说，它体现在仿生设计中。如图 8-8 所示的这款清洁机的设计就是关于水母的仿生设计。此款设计的特色在于清洁机的储水箱使用了透明材料并采用了外露设计。当用户在使用产品进行清洁时，可以看到水在七彩的出水管道中流动，这让使用过程充满了情趣。清洁机的底部采用了内嵌式小滑轮设计，便于用户在使用的过程中随时移动产品。

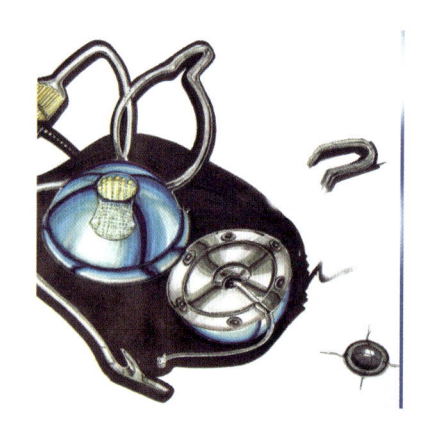

图 8-8　清洁机仿生设计

实例七　便携式按摩椅设计

随着生活水平的不断提高，人们对于生活的要求也进入了一个新的层次。马斯洛需求层次理论指出，人们在满足了基本的需求——生理及安全需求之后，将会不断地追求更高层次的需求——社会、尊重及自我实现的需求。为满足人们对生活需求的追求，服务业逐渐走进了社会经济发展产业的大舞台，而按摩业作为服务业发展的典型代表，也渐渐进入人们的视野。

按摩椅属于这一产业的按摩健身器材类别，其市场发展潜力是毋庸置疑的。据不完全统计，国际市场按摩产品的销售量已达 100 多亿美金，每年以 30% 的速度快速发展起来。便携式按摩椅易于组合，收纳方便，非常适合在一定的固定区域内为用户提供灵活服务。

本文所设计的便携式按摩椅主要为按摩师所用。其主要适用场合为家庭、按摩店或某公共场所的固定区域。由于按摩方式的限制，使用者需要近距离接触产品的表面，因此，在产品材料的选择上应确保安全。可选择无害的可回收材质，增强按摩椅的易清洁性。

在便携式按摩椅的使用过程中，其按摩时间将维持在半个小时甚至更长的时间，而此段时间内肢体部位的舒适程度会影响人们在按摩过程中的心理感受，因此便携式按摩椅设计要考虑到其尺寸需要符合人机交互的要求，文字与图形标识应该简单直观，按摩椅整体的倾斜角度应与按摩师的操作手法相适应。

如图 8-9 所示的便携式按摩椅是根据男女性别的不同所做的系列设计。这两款按摩椅的不同主要反映在软靠垫的设计上，女性使用的便携式按摩椅采用的是可充气塑料材质，由三个柔软可充气的球状造型组成，造型圆润，体感舒适，符合女性使用者的心理特征。而男性使用的便携式按摩椅的软靠垫是采用海绵填充的皮革材质，体感较硬，造型硬朗，符合男性的心理需求。

在细节设计上，按摩椅的头部支撑部分的尺寸是按照人脸的尺寸确定出来的。为了提高使用的舒适度，设计者将与用户面部接触的部分设计成软装，这样避免了支撑部分对面部造成的不舒适感。另外，连接部分采用可旋转的轴连接的方式，用于调整适合的角度使其与用户的脸部贴合（见图 8-10）。

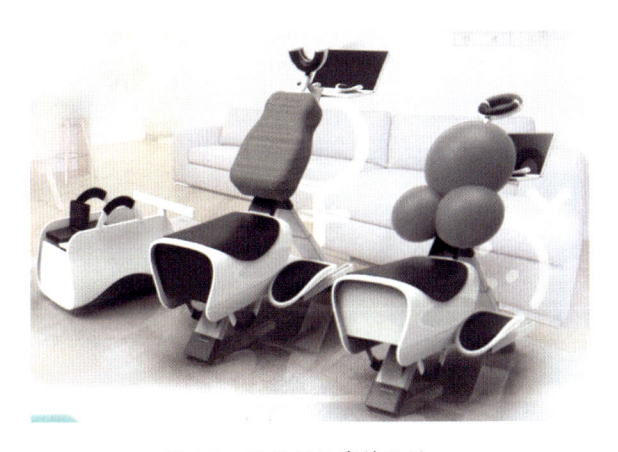

图 8-9　便携式按摩椅设计　　　　图 8-10　头部支撑部分细节结构

在椅座的设计方面，采用提包式的椅座设计，使其不但满足基本功能的需求，同时也可以作为收纳包使用。对于腿部及椅座部分的靠垫采用软橡胶材质，并依据人机工程学的人体尺寸计算出靠垫的弧度，使其更加适合用户膝盖弯曲的角度，提高了靠垫的舒适度。

总之，此款便携式按摩椅的设计，造型简洁大方，色彩上采用低调的黑白灰色系，符合现代化产品的发展趋势。设计者依据人机工程学尺寸进行了合理的结构设计，零件结构简单，连接方式安全可靠。产品可以通过简单的拆装组合达到便携的目的。此款便携式按摩椅在为按摩师及用户提供便利的同时，也为人们的身体健康提供了保障。

实例八　未来交通工具概念设计——"Gtaxi 城市出租车"

产品设计的最终目标是为人类创造更为合理的生活方式，在一定的自然和文化环境背景下，新的生活方式仰赖新技术的发展。现阶段以信息交流为核心的新技术层出不穷，未来的世界必是信息的社会，未来的交通系统必将是以车联网技术为基础而建立起来的更为自主的立体交通系统。

车联网是指装载在车辆上的电子标签通过无线射频等识别技术，实现在信息网络平台上对所有车辆的属性信息及静、动态信息进行提取和有效利用，并根据不同的功能需求对所有车辆的运行状态进行有效监管的综合服务网络体系。未来车联网将主要通过无线通信技术、GPS 技术及传感技术的相互配合来实现。

车联网技术下的高智能的车辆驾驶系统能够使车辆如深海中的鱼群快速地游动却彼此永不相撞。未来汽车所具备的 3D 智能导航系统就像一个智能机器人，能与交通设施、其他车辆进行信息交流。它能自动引导汽车行驶，因而未来的汽车都可以实现无人驾驶。

设计围绕"公共交通的个性化"的理念来展开，最后确定的概念设计为"Gtaxi 城市出租车"。Gtaxi 城市出租车是一款能够满足人们个性化需求的公共交通工具。借助车联网信息平台，它们能够实现自动定位、自动搜索路线等任务而无须人工干预。它们能在实现车辆与车辆、车辆与道路之间的信息交互的同时保证行车的安全性。此未来产品适用于具有环保意识同时又追求个性化的群体。

Gtaxi 城市出租车所倡导的是一种全新的交通理念。如图 8-11 所示，它们由相关部门统一管理并被部署在大街小巷的各个停车点。用户只需要购买一张智能车匙卡便可使用 Gtaxi 出租车。智能车匙卡可以自动联络离用户最近的车辆。在用户使用完毕后，车辆会自动停泊到就近的停车点，等待下一个客人。车辆停靠在放置区内时车身自动向上隆起，这样的停放方式使得车辆所需的空间并不是很大，从而实现了空间的有效利用。

图 8-11　Gtaxi 城市出租车使用流程

带有射频技术的智能车匙卡可以联络距离适合的车辆，推荐行驶路线，使得用户的生活变得快捷和高效，也大大提升了车辆的功效。用户的智能车匙卡能够记录驾乘信息，能够依据用户的驾驶习惯自动调节座椅高度，播放用户爱听的音乐甚至变换内饰的颜色。这些都可以满足未来人们高度个性化的需求。

此款产品满足了公共交通的基本功能，即共享、通用的要求。它占用较少的空间，能够在车联网技术基础上实现自动驾驶，并实现人与车、车与车之间的直接信息交换，使得车辆成为用户的"帮手"和信息终端。内饰方面通过通用设置+个性化调节来满足不同人群的需求（见图8-12）。

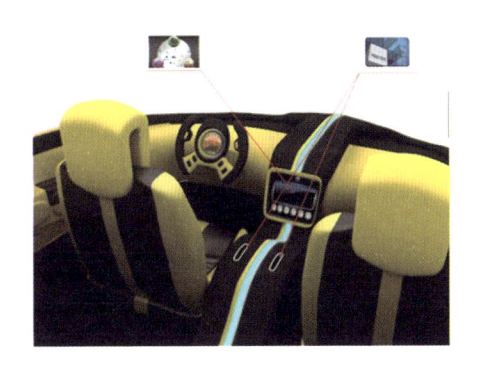

图 8-12 车的内部设计与内饰

此款产品的车身造型采用简洁流线的形态，使其符合空气动力学原理，以此减少能源消耗、提高效率。它在满足功能需求的基础上将车身尽量简化，将复杂功能隐蔽起来，通过这种视觉上的不可见性体现一种具有高科技感、未来感的简约美感（见图8-13）。产品的色彩以黄色为主基调，醒目而亮丽的时尚色彩拉近了其与大众的距离。

图 8-13 Gtaxi 城市出租车

材质的语义是产品材料性能、质感和肌理的信息传递。材料的质感、肌理通过产品表面特征给人以视觉和触觉感受，以及心理联想及象征意义。此产品的内饰以皮布料为主，符合环保的要求。车身使用高强度碳纤维和钛合金材料。这种材料可以减轻整车重量，提高整车强度，增加车辆的安全性能。

在动力方面，车辆动力系统通过全景天窗的太阳能板发电及氢动力发动机双重供能。它可以实现零排放，环保无污染。这些设计都体现了保护环境、节约能源的设计理念。

参 考 文 献

[1] 李乐山．工业设计心理学．北京：高等教育出版社，2004.
[2] 任立生．设计心理学．北京：化学工业出版社，2005.
[3] 李月恩，王震亚，徐楠．感性工程学．北京：海洋出版社，2009.
[4] 赵伟军．设计心理学．北京：机械工业出版社，2009.
[5] 张承忠，吕屏．设计心理学．北京：北京大学出版社，2007.
[6] 赵江洪．设计心理学．北京：北京理工大学出版社，2004.
[7] 张明，陈彩琦．基础心理学．长春：东北师范大学出版社，2003.
[8] 宋专茂．设计心理学．广州：广东高等教育出版社，2007.
[9] 王雁．普通心理学．北京：人民教育出版社，2003.
[10] 李彬彬．设计心理学．北京：中国轻工业出版社，2000.
[11] 马谋超，陆跃祥．广告与消费心理学．北京：人民教育出版社，2003.
[12]〔美〕唐纳德·A．诺曼．梅琼，译．设计心理学．北京：中信出版社，2003.
[13] 彭彦琴．审美之魅：中国传统审美心理思想体系及现代转换．北京：中国社会科学出版社，2005.
[14] 邹先祥，罗旭光．家电产品设计．长沙：湖南大学出版社，2009.
[15] 柳沙．设计艺术心理学．北京：清华大学出版社，2006.
[16]〔美〕托尼·亚历山大．人本销售．广州：广东经济出版社，2005.
[17] 高楠．工业设计与创新的方法与案例．北京：化学工业出版社，2006.
[18] 张承芬，宋广文．心理学导论．北京：人民出版社，2001.
[19] 罗子明．消费者心理学．北京：清华大学出版社，2002.
[20] 赵鸣九．大学心理学．北京：人民教育出版社，2003.
[21] 何克抗．创造性思维论．北京：北京师范大学出版社，2000.
[22] 王方华，等．服务营销．太原：山西经济出版社，2003.
[23]〔美〕冯·贝塔朗菲．一般系统论基础、发展和应用．北京：清华大学出版社，1987.
[24] 张承芬．心理学导论．北京：人民出版社，2001.
[25] 屈云波．市场细分．北京：企业管理出版社，2010.
[26] 王光武．设计心理学在家电产品中的应用研究．西安工程科技学院硕士学位论文，2006.
[27] 吴晓莉．基于心理学的用户中心设计研究．陕西科技大学硕士学位论文，2006.
[28] 周睿．基于可用性的手机交互界面设计研究．南京理工大学硕士论文，2006.
[29] 姜葳．用户界面设计研究．浙江大学硕士论文，2006.
[30] 吴玉生．产品设计的情感要素研究．武汉理工大学硕士论文，2006.
[31] 吴珊．家具形态元素情感化研究．北京林业大学博士论文，2009.
[32] 汤凌洁．感性工学方法之考察．南京艺术学院硕士论文，2008.
[33] 毛子夏．基于感性工学产品造型设计的理论分析研究．北京航空航天大学硕士论文，2007.
[34] 李月恩，王震亚，李大可．感性工学理论研究及开发应用．武汉理工大学学报，2010.
[35] 赵秋芳，王震亚，范波涛．感性工学及其在日本的研究现状．艺术与设计（理论），2007（7）．
[36] 彭彦琴，叶浩生．人格：中国传统审美心理学的解读．西南师范大学学报，2006（1）．
[37] 宋昕．个体行为的情感影响因素．现代商业，2012（2）．
[38] 大卫·贝尼昂．孙正兴，冯桂焕，等译．交互式系统设计 HCI、UX 和交互设计指南．北京：机械工业出版社，2016.
[39] 李世国，顾振宇．交互设计．北京：中国水利水电出版社，2012.
[40] 贾玉珊．旅游景区公共服务体系设计与研究．山东建筑大学硕士论文，2017.